SHODENSHA
SHINSHO

日本人のための戦略的思考入門

――日米同盟を超えて

孫崎 享

祥伝社新書

図版制作――DAX

まえがき——日本人がなぜ戦略的思考を学ぶべきか

戦略とは、「人や組織に死活的に重要なことをどう処理するか」を考える学問である。極《きわ》めて重要な分野だ。しかし、日本の大学で、戦略を体系的に教える所はない。日本人は、この分野について考えることなく今日《こんにち》まで来た。

この戦略に、最も真剣に取り組んだのは軍事部門である。軍事部門には「国の死活」がかかっている。ここで戦略が磨かれた。戦略論の発達していない日本は、第二次大戦において、惨敗した。

次いで、今世紀、企業経営に戦略が転用された。

日本は、広範な分野で、質の高い労働人口を持つ。経済部門において、オペレーション(実行)で勝負する時、日本は一気に世界の頂点に達した。電機や自動車などの分野が代表的だ。しかし、日本のオペレーション上の比較優位は、中国、韓国等の台頭で失せた。企業間の競争の最先端が金融や、ＩＴなど、戦略を求める部分に移行するや、日本は一気に弱体化した。

戦略はなくても戦争は戦える。しかし負ける。戦略はなくとも企業経営はできる。しかし、長期的には恐らく、世界市場で勝ち残ることはできないであろう。

戦争も経営も、実験することはできない。しかし、歴史的結果を踏まえて学ぶことはできる。組織も個人も、戦略を学ぶ必要がある。

我々日本人が戦略を学ぶ必要は、「日本をいかなる国にするか」との関係である。個々人が国を動かす機会を与えられることは稀《まれ》だ。しかし、世論は確実に国を動かす。世論のレベルが国の運命を決める。

そして、普天間《ふてんま》問題で鳩山由紀夫《ゆきお》前総理をめぐる動きを見ていると、私はこの国の動きに不安を感ずる。明らかに望ましいと見られる方向に行けない仕組みが、日本の中に存在する。

二〇一〇年五月三十一日発表の琉球新報・毎日新聞合同沖縄県民世論調査は、「普天間飛行場の名護《なご》市辺野古《へのこ》付近の移設について」で、反対が八四％と報じた。同じく五月三十一日読売新聞は、辺野古移転の日米合意について「評価しない」が五八％と報じた。

では、政権党である民主党の中で、誰が一番この世論に近かったか。鳩山総理である。外務大臣、防衛大臣、官房長官、彼らは早々と県内移設を目指した。

であれば、世論は、自分の支持する政策に誰が一番近いかを考えれば、それが鳩山総理であることを理解すべきだった。そう考えれば、鳩山総理を支持するのが自然である。しかし、そうはならなかった。

辺野古移設派は次々に理由をみつけ、流れを変えようとした。「自民党で約束した国際約束を守れ」、「辺野古への移転をしないと日米関係が危機になる」、「さらに日本は領土問題を抱えている、これに海兵隊が必要」などといった理屈が次々と出た。

本書で言及していくように、いずれも論拠は薄い。しかし、こうした論拠が重ねられるにつれ、国民の中に鳩山総理不信が確固としたものとなった。

鳩山総理解任の動きには、安全保障に関する論議が大きな役割を演じた。戦略論争が鳩山総理の命運を決めた。しかし現在、多くの国民にとって、「辺野古への移転をしないと日米関係が危機になるか」、「日本の領土問題において海兵隊は必要か」などといった問題を、自ら充分に判断できる状況ではない。

新聞が言うから、テレビが支持するから、評論家や大学教授が言うから、外務・防衛官僚が述べるからと、拠《よ》り所は変わるが、判断は他力本願にならざるを得ない。

そして鳩山総理を追い詰め、鳩山総理は急変し、批判勢力に迎合しようとして崩壊した。

日本人の多くが安全保障政策、戦略を正確に把握していないことが政権崩壊を呼んだ。ルース・ベネディクトが『菊と刀』で言うように、日本人社会の特徴として、人間の評価は「各々いかなる所を得ているか」で実施される。「何を行なうか」の競争ではない。安全保障論でも同じである。論の是非を見る前に、論者を見る。論の是非の尺度を個人が持つのは難しい。しかし、「発言者が各々いかなる所を得ているか。その所で判断しよう」という尺度であれば簡単である。

大臣は次官より偉く、次官は局長より偉い。東大・京大は早稲田・慶応より上である。論者も所属肩書きで評価される。何となく、朝日新聞の論調が他の新聞より信頼できそうだ(実はそうでなくなっているが)。すべて「論の是非」より、論を発する「所」で評価した。

安全保障・戦略部分の怖さは政治と密着していることにある。ある政策を実施したい。そのために都合のよい分析・判断を提供する。かつて、周恩来首相はこの分析を政策遂行上の分析と呼び、客観的分析と区別した。その意味で中国、ロシア、米国そして日本、各々の国に情報の操作がある。日本の場合には困ったことに、米国の強力な働きかけがある。

こうした政策遂行上の見方に左右されないために、国民の広い層が、一見難しそうな、しかし自分たちの国の行方を左右する戦略論を学ぶ必要がある。国民が、見解の判断を見解の出てきた「所」ではなく、「何が述べられているか」で判断できるようになる必要がある。

しかし、日本に今、戦略分野の本は驚くほど少ない。これまで、我々は「人や組織に死活的に重要なことをどう処理するか」を真剣に考えずに来た。考えずでよければ、戦略の需要はない。本も出ない。

しかし、情勢は変わった。国家も企業も、「人や組織に死活的に重要なことをどう処理するか」を真剣に考えなければならない時に来た。

本書は、日本の安全保障を論じている。ほとんど前提をおいていない。「米国は守ってくれる」という前提すら、「本当か？」と論議の対象にした。その意味で論議は新鮮と思う。この本の論議が、日本全体の論議となり、日本のより良き戦略の作成に貢献することを願っている。

二〇一〇年八月

孫崎《まごさき》　享《うける》

〈目次〉

第一章　戦略とは何か

第二章　なぜ日本人には「戦略」がないか

第三章　戦略論はどのように発達してきたか

第四章　戦略論の古典から学ぶ

第一章

戦略とは何か

戦略とは何か——「相手をやっつける手段」からの脱却

私は、戦略を「人、組織が死活的に重要だと思うことにおいて、目標を明確に認識する。そして、その実現の道筋を考える。かつ、相手の動きに応じ、自分に最適な道を選択する手段」であると定義したい。

一見、何でもない。だが、通常、戦略の定義に「相手の動きに応じ、自分に最適の道を選択する手段」という記述はない。しかし、戦略を考える時、「自分に最適」の意識を持つことは、極《きわ》めて重要である。

正直、私自身、かつては戦略を異なった形で定義していた。「自分に最適な道を選択する手段」ではなく、「相手より優位に立つ手段」と見ていた。領土の奪い合いや戦争では、自分の得は相手の損だ。「相手より優位に立つ」「相手をやっつける」視点で戦略を考える。それを洗練させたものが過去の戦略論だった。

世界の多くの政治家は「相手より優位に立つ」ことを求めて政治に臨んできた。アメリカを代表する国際政治学者であるジョセフ・ナイ教授は、「キッシンジャーやニクソンは、アメリカの国力を極大化し、アメリカの安全保障を阻害する他国の能力を極小化しようとした」(『国際紛争』有斐閣)と記述している。

これは、いわゆる「ゼロサム・ゲーム」である。ゼロサム・ゲームとは、経済学・数学における「ゲームの理論」から来た用語で、参加者の得点と失点の総和がゼロになる状況を言う。つまり、自分の得は相手の損、相手の損は自分の得。勝つためには、相手のマイナスを探し、弱点を突けばよい。

ゼロサム・ゲームを明確に示すのが麻雀である。他方、「相手の動きに応じ、自分に最適の道を選択する」のは囲碁である。今日、戦略を考える際、「ゲームの理論」やコンピューターの利用が不可欠である。不思議なことに戦略関連の人には囲碁プレーヤーが多い。

「ゲームの理論」とは、利害の一致しない状況における当事者間の、合理的意思決定や合理的配分方法とは何かを考えるための理論である。

この「ゲームの理論」において、解を求める上で最も重要な概念が「ナッシュ均衡」である。「ナッシュ均衡」についての詳しい解説は省くが、この論の創設者ジョン・ナッシュは、囲碁プレーヤーだった。アインシュタインや、マイクロソフトの創業者ビル・ゲイツ、第二次大戦ドイツの暗号解読に成功して戦局を左右し、現代コンピューター科学の父と言われるアラン・チューリングも、囲碁プレーヤーである。

囲碁の古典的格言に「囲碁十訣」（中国唐代における囲碁の名手、王積薪《おうせきしん》の作）がある。これが見事に戦略論の基本をついている。

貪不得勝（むさぼれば、勝ちを得ず）
入界緩宜（界――相手の勢力圏――に入っては、宜《よろ》しく緩やかなるべし）
攻彼顧我（彼を攻めるに、我を顧《かえり》みよ）
棄子争先（子――少数の石――を棄てて、先を争え）
捨小就大（小を捨てて、大に就け）
逢危須棄（危うきに逢えば、すべからく棄てるべし）
慎勿軽速（慎みて軽速なるなかれ）
動須相応（動けば、すべからく相応ずべし）
彼強自保（彼強ければ、自ら保《たも》て）
勢孤取和（勢い孤なれば和を取れ）

「攻彼顧我」は、後に述べるように、米国防長官であったマクナマラ戦略の柱である。「動須相応」は「ゲームの理論」である。「逢危須棄」、この域にはなかなか達せられない。不良債権、危険なものを大火傷《おおやけど》する前に棄てる勇気、これも極めて重要な哲学である。

私はこの本、『日本人のための戦略的思考入門』を書くにあたって、今一度、戦略の本や論文を読み返した。もちろんその中には、『孫子』やクラウゼヴィッツの『戦争論』、マクナマラ元米国防長官の「相互確証破壊戦略」、キッシンジャーの『核兵器と外交政策』などが含まれる。さらに、経営戦略論や「ゲームの理論」に手を広げた。

そして「ゲームの理論」を見て、新たな確信が出てきた。「日本の戦略はどうあるべきか」を考える際、戦略を「相手より優位に立つ手段」と規定するのは、狭すぎると気づいた。「自分に最適の道を選択する手段」の視点を持つことで、選択の幅が広がる。そして究極的に勝利することができるのである。

その素地は、実は、私の外務省時代にある。私は悪と決めつけられる国々に勤務した。「悪の帝国」（レーガン元大統領の定義）のソ連、「悪の枢軸《すうじく》」（ブッシュ前大統領の定義）のイラク、イランで仕事をした。外交官や大使の持つイメージ、華やかさと逆の場所で生きてきた。一九九〇年代初頭、北朝鮮も訪れた。

「悪の帝国」「悪の枢軸」の現場、それも異なる三つの国に合計一〇年以上勤務した人間は、世界でも稀である。そして、この勤務中、チェコ事件、中ソ国境衝突、イラン・イラク戦争、9・11米国同時多発テロに遭遇した。

軍事行動をとる国は真剣である。「これしかない」と思っている。だが、距離をおいて客観的に見ると、「何と馬鹿な選択をしているか」としか見えない。軍事行動は、莫大なマイナスを招いている。間違った戦略を採用した国の悲劇を目の前で見てきた。

一九六九年の中ソ国境衝突では、珍宝島《ちんぽうとう》の領有権をめぐり武力衝突に発展した。珍宝島は小さな島である。一九八〇年に始まったイラン・イラク戦争では、国境河シャトル・アラブ川のどこ（中間線かイラク側沿岸）に国境線を引くかで戦争に入った。何十万人という人が死に、世界の経済大国の地位を目指していたイラン、イラクの国土は疲弊《ひへい》した。一九六八年のチェコ事件では、チェコの民主化がソ連体制全体につながるのでないかと懸念し、軍事侵攻を行なって以降、ソ連共産党は内外の支持を急速に失った。

外部の人間の誰が見ても、長さ約一七〇〇メートル、幅約五〇〇メートルの珍宝島をめぐり衝突し、中ソ国境で、六五万人以上のソ連軍部隊と、八〇万人以上の中国人民解放軍部隊が対峙《たいじ》する価値はない。シャトル・アラブ川のどこに国境線を引くかも、何十万もの人の死に値しない。

なぜ間違った戦略を採用したのか。本来、ソ連やイラン、イラクには、珍宝島やシャトル・アラブ川の国境線の位置よりはるかに大きい国益がある。一見見逃されるが、たとえ争点を抱えていても、隣国と戦争しないことが最大の国益である。

しかし国家間の摩擦の中で、国家戦略の中心が広範な利害から離れ、珍宝島などの小さい問題に集中する。そして、その中で「相手」を意識し、「相手より優位に立つ」「相手をやっつける」「相手にいい思いをさせない」考えにとらわれる。

本来「小」と判断すべきものを、「大」と判断ミスする。本当の「大」に気づかない。すなわち、「囲碁十訣」の「棄子争先」「捨小就大」「逢危須棄」の思想がない。そして、兵士の命や自国の政治的安定、経済、第三国との関係に莫大な損害を出した。

日本にとっての「大きな問題」とは

「大」「小」の位置づけを明確にできないことでは、実は、今の日本も同じである。日本が近隣諸国との関係強化を積極的に図《はか》る戦略をとれば、どんなに日本に利益があるか。しかし日本は、第三国から見れば、日本の国全体の国益から見てはるかに小さい問題で、近隣諸国との関係を発展できていない。

日本国内では、近隣諸国との対立を激化させる方向につながる見解が、逆に「正論」である。中国海軍の拡大が、あたかも日本を丸呑みしそうに説く。「非人道的」北朝鮮と協調を図るなんてあり得ないと説く。この中、協調を模索する見解を出せば「軟弱」と軽蔑《けいべつ》される。

たとえば、北朝鮮との関係で、日本にとって何が最も大切か。何よりも交戦の可能性を排除することである。今日交戦状態にないのは、交戦しないという「黙示の合意」があることを意味する。「交戦をさける」、これを軸に、さまざまな課題の重要性を評価すべきである。その中「拉致問題」はどれくらいの価値を持ってくるか。

第二次大戦後も、一触即発の可能性を持った国は多い。他方、一九六二年のキューバ危機、一九九六年の台湾海峡危機は、それぞれ米ソ、米中の軍事衝突の可能性を秘めていた。結局、関係国はこれを回避した。米国やソ連や中国が「キューバ危機」「台湾海峡」の問題だけにこだわれば、軍事衝突の可能性はあった。

こうして、私は、国が危機に直面した時、戦略の策定には「相手国との損得」「懸案」からいったん距離を置き、「自分に最適の道を選択する手段」を探す必要性を何となく感じていた。紛争を避けること、これが立派な選択である。

冷戦から今日に至るまで、世界で最も重要な軍事戦略は、核戦略である。米ソ双方が、相手国を何十回も何百回も完全に壊滅させる核兵器を持った。こうした中、「相手国にどうしたら先制核攻撃をさせないか」が最も重要になった。

米国は相手を知ること、相手に自分をわからせることに苦心した。戦略は「戦争で、相手をいかに完全に壊滅させるか」を求める術《すべ》から、「いかにして戦争を避けるか」の術になった。米ソが「相互確証破壊戦略」（詳しくは第三章参照）を確立し、お互いの先制核攻撃回避の道を探し出したのは、人類の英知だ。

ここでもまた、「相手より優位に立つ」「相手をやっつける」という従来の戦略思想からの決別が必要だった。そして米国の戦略家は見事、それを成し遂げた。米国、ロシア、中国で戦略の中枢《ちゅうすう》にいる人物には「自己の政策を達成するため、大国間では、戦争をする選択はとれない」という論理を持つことが不可欠になる。戦略論は大きな変質を遂げた。

私は、これまで「相手より優位に立つ」「相手をやっつける」戦略は必ずしも自国の利益につながるわけではないという漠然とした考えを持ちながら、体系化できなかった。そうした中で「ゲームの理論」に出会った。そして、「相手より優位に立つ」や「相手をやっつける」という考えでなく、「相手の動きに応じ、自分に最適な道を選択する」という考えで臨むことが、自らに最大の利益をもたらすことを確信した。

その意味で、この本はこれまで日本の多くの人が説いてきた戦略本とは異なる。

重要なのは相手でなく自分に悟らせること

もし、この本で、読者に対して、ただ一つこれだけは読んでほしい、というものを挙げるとすれば、それはフランスの軍人戦略家ボーフル（一九〇二―七五）の言である。彼の本『戦略入門（Introduction à la stratégie）』（一九六三年）が私の求めるものである。訳は防衛研修所にあるらしい。残念ながら国会図書館にもない。

生天目《なまため》章《あきら》防衛大学校教授著『戦略的意思決定』（朝倉書店）にボーフルの戦略論として次の記述がある。生天目教授は情報工学科、知能情報の専門家である。

「彼（ボーフル）も同じように、戦略の本質は、意思の対立から生じる紛争を解決するために力を用いる、弁証法的な術であるとした。闘争を続けることの無益さ、精神的損失の大きさなどを相手に悟らせることができるのならば、対立は決着すると考えた。そして、相手に押し付けたいとすることを相手が受け入れるのに十分なレベルで、相手に対して精神的崩壊を与えることが重要であるとした。このことから、軍事的手段だけでなく、非軍事的な手段（政治的、経済的、心理的、あるいは思想的な手段）の中から、その時々の状況に応じて最適なものを選び、それらをうまく結びつけることで、心理的な効果を最大限にあげることを、戦略の要諦とした」

私は、ボーフルの言を、さらに拡大解釈したい。「闘争を続けることの無益さ、精神的な損失の大きさなど」を「相手（国）に悟らせること」だけでなく、実は「自分（の国）に悟らせる」、これが極めて重要だ。

「自分に最適の道を選択する術」は国ごとに異なる。軍事力、経済力の水準が異なる。ボーフルは一九五八年欧州連合軍参謀次長になり、フランスを代表する戦略家であったが（注・彼は仏の核兵器保有の有力な推進者）、彼の非軍事的な手段の示唆《しさ》こそ、近隣国に米・ロ・中という核超大国を持ち、有効な軍事手段を持たない日本が真剣に模索すべき道だ。

繰り返すが、核兵器時代、米国、ロシア、中国の責任ある戦略家は「戦争を避けることに自国の利益がある」という発想を必ず身につけている。

ボーフルの論を補足する上でシェリングの考え方を紹介したい。シェリングは二〇〇五年、「ゲームの理論的分析を通じて紛争と協調への理解を深めた」功績で、ノーベル経済学賞を受賞した。

「紛争をごく自然なものととらえ、紛争当事者が『勝利』を追求しあうことをイメージするからといって、戦略の理論は当事者の利益がつねに対立しているとみなすわけではない。紛争当事者の利益には共通性も存在するからである。実際、この研究分野（戦略）の学問的豊かさは、対立と相互依存が国際関係において併存しているという事実から生み出される。当事者双方の利益が完全に対立しあう純粋な紛争など滅多にあるものではない。戦争でさえ、完全な根絶を目的とするもの以外、純粋な紛争とはいえない。（中略）『勝利』という概念は、敵対する者との関係ではなく、自分自身がもつ価値体系との関係で意味をもつ。このような『勝利』は、交渉や相互譲歩、さらにはお互いに不利益となる行動を回避することによって実現できる。（中略）相互に被害をこうむる戦争を回避する可能性、被害の程度を最小化するかたちで戦争を遂行する可能性、そして戦争をすることでなく、戦争をするという脅しによって相手の行動をコントロールする可能性、こうしたものがわずかでも存在するならば、紛争の要素とともに相互譲歩の可能性が重要で劇的な役割を演じることになる」（『紛争の戦略―ゲーム理論のエッセンス』勁

草書房）

ここでも戦争回避の哲学が述べられている。私が求めていた理念がここにある。戦争から逃げるのではない。得であるから戦争を回避する。たとえ「敵」であれ、どこかに共通利益が存在することが説かれている。

日本が「北朝鮮の脅威」「中国の脅威」とどう向き合うかを考える時、共通利益や相互依存を考える必要がある。「今、戦争状態にない」ことこそ、最大の共通利益である。これを維持し拡大することが最大の戦略である。

重要なのは相手との関係ではない。自分の価値体系との関係である。自分の価値全体の中で争点をどう位置づけるべきか、それを考えた時、紛争の回避が実は利益をもたらすことがわかる。これを理解することによって、戦略に新たな世界が広がる。

孫子の再発見

ボーフル将軍や、ノーベル経済学賞受賞者シェリングの論を見て、何か馴染《なじ》みを感じないだろうか。

「百戦百勝は善の善なる者に非《あら》ざるなり。戦わずして人の兵を屈するは、善の善なる者なり」「用兵の法は、国を全《まっと》うするを上と為し、国を破るはこれに次ぐ」

孫子である。二〇〇五年度ノーベル経済学賞受賞者の考えの源泉に、間違いなく紀元前五〇〇年頃に起源を有する孫子がある。孫子の再発見が第二次大戦後の戦略論の特質である。

国際政治を含め、人間の営みはゼロサム・ゲームだけではない。戦略は常に相手の動きに応じて対応しなければならない。しかし、敵であっても、全力で潰《つぶ》す行動が最大の利益ではない。行動には、常にコストがつきまとう。「コストに見合う成果が出るか」、これが戦略的思考の要《かなめ》である。

軍事行動で費用対効果の概念が希薄になった時、結果として軍事行動の失敗が来る。米国のベトナム戦争、イラク戦争、アフガニスタン戦争がこの範疇《はんちゅう》に入る。「相手の動きに応じ、自分に最適の道を選択する手段」の「自分に最適な道」は、相手の損の上にしか成り立たないものでない。相手をやっつける上にしか成り立たないものでもない。後で検討するが、「ゲームの理論」がこのことを論理的に証明した。

安全保障の面では、核兵器が戦略論の大変化を招いた。従来の戦略論は、戦争で「いかにして相手を完全に破るか」を考える学問だった。

その流れの中に、代表的戦略家クラウゼヴィッツがいる。ドイツの戦略家クラウゼヴィッツは「戦争とは相手にわが意志を強要するために行なう力の行使である」「この目的を確保するために我々は敵を無力にしなければならない」と指摘した。この流れをくむモルトケ（プロイセン王国の参謀総長）は「敵国政府のあらゆる戦力の根源、すなわち経済力、運輸通信手段、食料資源、さらには国家の威信すらも奪取しなければならない」と指摘している。

クラウゼヴィッツやモルトケは「戦略とは相手国の完全破壊を目指すもの」であることに何の疑問も抱いていない。しかし、「その過程で味方がどれくらいの被害を被《こうむ》るのか」「この被害と目指すもののバランスがとれているか」の判断が欠けている。

第一次世界大戦時、ドイツ軍では、クラウゼヴィッツ、モルトケの戦略論が支配的だった。そして、ドイツ軍は一七七万人の戦死者を出した。「敵国政府のあらゆる戦力の根源、すなわち経済力、運輸通信手段、食料資源、さらには国家の威信すらも奪取しなければならない」ことを求めた結果である。

しかし、第一次大戦の経験にもかかわらず、クラウゼヴィッツ、モルトケの戦略論は勢いを失わなかった。新たに日本が信奉した。その結果、第二次大戦、ドイツは兵士二八五万人、民間人二三〇万人、日本は兵士二三〇万人、民間人八〇万人の死者を出した。

クラウゼヴィッツ、モルトケの戦略論の欠陥

今日でも軍関係者はクラウゼヴィッツ、モルトケの戦略論を学ぶ。しかし、この論は根本的欠陥を持っている。囲碁にいう「捨小就大」の理念がないため、「大」（国全体の利害）が見えず、「小」（戦争の戦い方）の世界だけを見て行動をし、「大」に莫大な被害を与える点である。第二次大戦前の日本の軍人も同様である。

核の時代において、クラウゼヴィッツやモルトケの戦略論では、核の管理ができない。米国、ソ連は万を越える核兵器を保有した。米国、ソ連のいずれかが相手国を攻撃したとしよう。しかし相手国は、依然として攻撃を逃れ、相手国を完全に抹殺できる核能力を意図的に残すシステムを作る。相手国の抹殺を目指す行為は、逆に報復を受ける。それは自らの抹殺を意味する。

ここから、軍事戦略は「相手の抹殺を求める術」から「いかにして戦争を避けるかの術」に一八〇度転換した。歴史的大転換である。敵国ソ連が「悪の帝国」（レーガン元大統領の表現）であれ、共生せざるをえない。米国軍部の戦略部門はソ連に対してはクラウゼヴィッツ論を捨てた。中国に対してもそうならざるをえない。

ところが米国は、イラク・アフガニスタンになるとこれを捨てきれない。クラウゼヴィッ

ツを捨てて核戦略を考える米国軍部、同時に、クラウゼヴィッツを信奉し、陸で戦闘する米国軍部、この二つが同じ国の軍内に存在する。これが米国の複雑さだ。

軍事大国化の道を進む中国軍部にもまた、クラウゼヴィッツを捨てて核戦略を考えざるをえない中国軍部（戦略部隊）、同時に、クラウゼヴィッツを信奉し、軍事力行使を自己の使命と考える中国軍部（陸海軍）、これが共存する。中国軍にはこの双方が存在することを理解し、対中国戦略を考える必要がある。

新たな概念はないが、組み合わせは無限にある

米国の代表的な大学であるMIT（マサチューセッツ工科大学）に、サミュエルズ教授がいる。一九九二年政治学部長、二〇〇一年から日米友好基金理事長を務めた。安全保障問題の重鎮《じゅうちん》、かつ知日派の彼が、二〇〇七（邦訳は〇九）年に『日本防衛の大戦略』（日本経済新聞出版社）を出版した。その中に次の記述がある。

「国が自衛する方法にまったく新しい概念というものはほとんどない。どの国も、軍隊、外交官、さまざまな資源、野心、知恵で武装している。あとは依然として物真似で

ある。だから国際関係、外交、国家安全保障を学ぶ学生はいまだに、トゥキュディデスの『戦史』、『孫子』、マキアヴェリの『君主論』などを読むことを求められている。（中略）しかし、独自の戦略思想は少ないとはいえ、既存の思想の組み合わせは無限大にある。制約となる条件のバランスは常に動いており、しかも近隣諸国が台頭したり衰退したりするので、新たな環境は常に従来の考え方の応用を待ち受けている」

サミュエルズ教授の文章は短い。けれども、さまざまな考えるべき要素が盛り込まれている。

第一に「新しい概念はほとんどない」と言っている。しかし「学ばなくていい」とは言っていない。逆に、常に学び考え、新しい事態に対応する必要性を述べている。

次に「制約となる条件のバランスは常に動いている」としている。国の戦略は不動のものでない。国際環境の動きに呼応し、変化が求められる。

日本で過去成功した戦略はあるかというと、多くの人は一九〇二年の日英同盟を指摘する。これとて、英国は一九二一年、米国の対日警戒を背景に破棄した。特定国との同盟が望ましくとも、日本の意志だけで同盟は続かない。そしてこれは、日米同盟の運命とも関係する。中国の台頭で、日米同盟が退化する時代に入っている。

第三に、安全保障環境の変化する要因として「近隣諸国が台頭したり衰退したりする」ことと記した。筆者はこれに「超大国が台頭したり衰退したりすること」を加えたい。超大国の動向は安全保障の最重要点だ。

第二次大戦後、世界は米ソを軸に動く。ソ連崩壊後、圧倒的な米国一極支配となる。世界中が一時、この米国にひれ伏した。イラク戦争開始がその頂点である。大量破壊兵器の所有、アルカイダとの結びつきという不確かな証拠（その後、米国の公的機関がその存在を否定）でイラク攻撃を始めた。誰も抵抗できなかった。

しかし、その米国はイラク戦争、アフガニスタン戦争の泥沼に入り、工業基盤が揺れ、金融不安が拡大し、明確に陰りが見える。

孫子は「其の戦いを用《おこ》なうや久しければ則ち兵を鈍《つか》らせ鋭《えい》を挫《くじ》く。城を攻むれば則ち力屈《つ》き、久しく師を暴《さら》さば則ち国用足《た》らず」「故に兵は拙速なるを聞くも、未だ巧久《こうきゅう》を睹《み》ざるなり。夫《そ》れ兵久しくして国の利する者は、未だこれ有らざるなり」と述べ、「戦争には、少々まずくとも素早く切り上げるということはあっても、うまくて長引くということはない」「長期にわたり軍を国外に張り付けておけば、国家経済は窮乏する」と指摘した。

今日の米国を見ると、孫子の価値がわかる。イラク戦争、アフガニスタン戦争を行なっている中で、米国国防省の誰が「馬鹿にするな。孫子は紀元前四〜五世紀に書かれたものだろう。我々の戦略の方が優れているのは当然だ」と開き直れるか。米国の心ある人々は、紀元前四〜五世紀の孫子の教訓ですら活かしきれない自国の動向に、限りなくイライラしている。

さらに、ここにきて新たに中国が現われた。「フォーリン・アフェアーズ」誌二〇一〇年三／四月号でフェルグソン・ハーバード大学教授は「ある予測では中国のGDPは二〇二七年に米国を越える」と記述した（注・彼は歴史的に帝国の滅亡を考察し、米国が突然凋落《ちょうらく》する危険を警告している）。いつかについては議論がある。しかし、米国は、中国が追いつくことを想定内に入れた。日本は、米中間をどう動くかという深刻な課題を突きつけられている。

第四に、サミュエルズ教授は、学ぶべき本の第一に古代ギリシアの歴史家トゥキュディデスを掲げた。日本人の多くにとって、歴史は受験のイメージがある。何年に何が起こり、いかなる事実があるかを記憶する学問だと考えている。

しかし、第五章で詳しく見るが、欧米では異なる。歴史から今日への教訓を導き出そうとする。人文科学の中心に歴史がどんと控えている。サミュエルズ教授は『日本防衛の大戦略』で日本の安全保障を論ずる中で「トゥキュディデスを学べ」と言った。ここには、いかなるメッセージが込められているのか。

トゥキュディデスの『戦史』で最も著名な教訓は「強者と弱者の間では、強者がその欲するところをなし、弱者はそれを甘受するしかない」である。サミュエルズ教授は、明確に日米同盟を意識している。

サミュエルズ教授は日米同盟について、まさか「米国と日本の間では、米国がその欲するところをなし、日本はそれを甘受するしかない」と記述するわけにいかない。しかし、「トゥキュディデスを学べ」という台詞で、日米関係の本質を述べることはできる。学者としての良心のぎりぎりだろう。

こう書くと、誇《こ》張《ちょう》でないかと反論される読者が必ずいるであろう。豊下楢彦《とよしたならひこ》著『安保条約の成立』（岩波新書）は次の記述を行なっている。

「ダレス使節団が来日した翌日の一月二六日、最初のスタッフ会議においてダレスは、『我々は日本に、我々が望むだけの軍隊を望む場所に望む期間だけ駐留させる権利を獲得できるであろうか？　これが根本問題である』（中略）と、明確に問題のありかを指摘した」

間違いなく、今日の米軍関係者はこの心理を継続している。二〇〇九年から一〇年にかけての普天間米軍基地移転問題でも、この記述が当てはまっている。普天間米軍基地移転問題で論じられたのは「米軍にとって効率的運用ができるか」であった。日本の識者が「県外移転になると米国軍の運用に支障が出る」と力説し、米国が「望むだけの軍隊を望む場所に望む期間だけ駐留させる権利」を論じている。米国にとって、日本くらい〝ありがたい〟国はない。

ジョセフ・ナイは同盟について、『戦史』から次の言葉を引用している。

「ペルシアからの保護ということで気軽にアテネの同盟に参加した国々は、やがてアテネに年賦金を支払わなければならなくなった」（『国際紛争』）

ナイは、駐日本大使候補であった人物であるから、現代の年賦金に詳しいだろう。

日本の安全保障を考える時、実にさまざまな変数がある。新たな環境にあわせ、不断に最適の安全保障政策を考えていく必要がある。

「対米追随」で将来を乗り越えられるか

今、日本の安全保障政策は「米国に追随する」のみと言ってよい。

今日、日本の政治家や外務・防衛省員ら、本来安全保障に責任ある人々が、トゥキュディデスの『戦史』、『孫子』、マキャヴェリの『君主論』などや、これに加えてヘンリー・キッシンジャー著『核兵器と外交政策』、ロバート・ケーガン著『ネオコンの論理』、トーマス・フリードマン著『レクサスとオリーブの木』、さらには「ゲームの理論」に関する本などを読み、既存の思想の組み合わせを思索しているだろうか。

「米国に追随する」、日本はこれで戦後六五年、平和と繁栄を得てきた。そして、このままで、平和で繁栄する国家を維持できると思っている。だが、過去の平和と繁栄はまったくの僥倖《ぎょうこう》による。

終戦後、米国の一部には、日本を再び侵略国にさせないため、その経済を近隣諸国の下にしておくという見解もあった。しかし、冷戦が勃発《ぼっぱつ》、この時、米ソは互いに他国の自陣への抱き込みを図り、その力を利用することを優先した。その結果、米国は日本に繁栄と平和を与える選択をした。

冷戦終結後、米国は対日戦略を変えた。もはや、経済力の強い日本が望ましいという発想はない。

「米国産業が輸入品に負けるのは、米国が悪いからではなく、相手国が悪いからだ（中略）負けるとすれば相手国が、市場閉鎖など不公正なことを行っているからにちがいない。相手国の不公正な制度は米国政府自身が特別攻撃チームでも作って大いに叩いたらよい」（元通商産業審議官、畠山襄《はたけやまのぼる》著『通商交渉国益を巡るドラマ』日本経済新聞社）というふうに、対外経済戦略を変えたのである。

ブッシュ大統領（父）は、一九九二年に訪日した。米国テレビ局はこの模様を報じていた。日本到着時、出迎えの中に、米国と交渉する通商産業審議官が見えた。誰かが「彼は敵（enemy）」と叫んだ。機内の一同がどっと笑った。一九九〇年代初期、明確に日本は「敵」であった。

三〇年、五〇年、一〇〇年という歴史の視点で見ると、米国は情勢変化によって、対日方針を大きく変化させた。国際環境の変化で、米国の戦略は変化する。その中で対日政策が変化する。それは、日本の対応を越えた次元で決定される。不動の日米同盟が常に存在しているわけではない。

我々は日米関係を考えるにあたって、トゥキュディデスの言葉、「強者と弱者の間では、強者がその欲するところをなし、弱者はそれを甘受するしかない」や、インドの古典『実利論（アルタ・シャーストラ）』（紀元前四世紀頃、マウリヤ朝の宰相カウティリヤの著とされる）の「優れた力を有する者と結合する事は、彼が敵と戦っている時を除き、非常に悪いことである」といった言葉の中にどのような英知が潜《ひそ》んでいるか、静かに考えてみる必要がある。

日本をめぐる安全保障環境の変化

日本をめぐる安全保障環境は今、大変化を遂げつつある。間違いなく、これから二〇年の間に劇的に変わる。

米国は日米同盟の名の下、自衛隊と在日米軍を米国の世界戦略の中で使うことを決めた。冷戦終結以降、その態勢が着々と進んでいる。

サミュエルズMIT教授は、著書『日本防衛の大戦略』で「日本は安全保障の範囲を拡大すべきである、というアメリカの要求が、これほど大幅で執拗《しつよう》になったのはこれまでにないことだった。（中略）在日米軍基地と日米同盟を世界的な安全保障戦略の道具として利用するのは、アメリカの『明確な意志』である」と記述している。

一九六〇年の日米安保条約時、日本の指導層は米国戦略に巻き込まれる危険性を察知し、日米安全保障の対象を極東に限定し、軍事行動を国連憲章の枠内に留めた。しかし、冷戦後の米国の戦略と巧《たく》みな工作の中で、日本の指導層はかつての先輩の苦労に顧《かえり》みることなく、今や、「米国に追随する」こと以外考えていない。

二〇〇五年十月、「日本は米軍と共通の戦略のもとに世界に展開する」という政府間合意を結んだ。このことによって、日本が危険な領域に踏み込んでしまったことについて、ほとんど報道はない。したがって、多くの国民は変化の事実すら知らない。そして、安保条約五〇周年をかけ声に、日米関係深化が叫ばれる。「関係の深化はいいことだ」という言葉の響きを頼りに、一段と軍事協力が進む。

逆に冷戦後、米国内には「今や同盟は古い、今後は個々の紛争ごとに連合（coalition）を作ればよい」との考えが出てきた。個々の事件ごとに利益を見いだす国が、米国の旗印の下に集まる。

しかし、それだからといって、米国は次の事件の時に、参加国に恩義を感ずることはない。イラクに参加したから、北朝鮮で日本のために米軍が動いてくれると考えるのは虫がいい。米国は、連合（coalition）に参加したのは「各々《おのおの》の国に利益があったからである」とみなす。そこには貸し借り勘定はない。流動の激しい今日、長期的で広範な同盟というスタイルは古いと指摘したのである。

この論の代表的論客は、ラムズフェルド前米国国防長官である。彼は二〇〇二年、「フォーリン・アフェアーズ」誌で「軍隊変革」の論文を発表し、その主張を展開した。同盟という名の下、日本を利用する、しかし同盟という名の下で日本に利用される余地は減らす。その道を今、米国は歩んでいる。好き嫌いではない。事実である。

日本が米国と密接な関係を築く時のモデルは、米英関係である。逆に言えば、米英関係がどういう変化をたどっているかを見れば、将来の日米関係を考える時の参考になる。

米国は、英国とは特別に密接な関係にあった。岡崎久彦《おかざきひさひこ》氏は、二〇〇四年十二月二十六日付読売新聞朝刊で「『米英』並み日米同盟に」との標題の下、次のように述べている。

「日本の大戦略は、日米同盟が米国にとっても不可欠のものとなるように持って行くことになければならない。その答えを出しているのがアーミテージ報告である。それは日米同盟を米英同盟と同じにしたいと言っている。（中略）それが今後日本に残された課題である。またそれが今後日米同盟を強化し、米国にとって日米同盟を不可欠なものにして、われわれの孫やひ孫の代まで、日本の安全と今のような生活水準を維持して行くための王道である」

二〇一〇年七月一日現在、アフガニスタン戦争での英国兵士の死者は三一〇名、イラク戦争では一七九名となっている（出典・iCasualties.org）。それはひたすら、「米国との特殊な関係を持つ」という理由である。

その英国が、米国からどのように扱われているか。二〇〇九年九月二十五日英国メール紙は「ブラウン首相はオバマ大統領に会いたいと頼んで四回断られ、五回目にやっと会えた」と報じている。

英国はアフガニスタン戦争、イラク戦争に好んで参入したわけでない。米国が参戦しなかったら、英国の参戦もない。では、この死者は何だったのか。しかも、「ブラウン首相はオバマ大統領に会いたいと頼んで四回断られ、五回目にやっと会えた」状況である。

日米関係を米英関係のように、と主張する人は、三〇〇名近くの犠牲者を出し、そのあげく、首相が大統領との面会を依頼しても断られるというモデルを歩みたいのだろうか。それとも、日本は英国よりうまく立ち回れるというのであろうか。

二〇一〇年三月、英国下院外交委員会が「英国は米国に従属するプードルに過ぎないという認識が、いかに英国の国益を害してきたか。グローバリゼーションと地政学的力の変化で、米英双方が他のプレーヤーと密接な関係を築いている」という報告をとりまとめた。元駐米英国大使マニング卿（David Manning）は、「我々は国益に従い、米国とパートナーシップを築けばよい。まだ多くの分野でその可能性はある。しかし、すべての分野ではない」と指摘している（二〇一〇年三月二十八日付ガーディアン紙など報道）。

この米英関係を見ると、日米間で特別の密接な関係を築くには限界があることがわかる。戦後の日米関係では〝強者と弱者の間では、強者がその欲するところをなし、弱者はそれを甘受するしかない〟現象が存在した。かつ、この現象は一九八〇年代から露骨に進展した。鳩山政権誕生後の普天間基地移転問題は、単に普天間に残るか、名護市に行くかの技術的問題だけではない。

四月十日の産経新聞は、「首相『米の言いなりにならない』」の標題の下、「鳩山由紀夫首相は9日までに米タイム誌のインタビューに応じ、日米関係について『日本にとって最も大事な関係』としながらも、『今までは米国の主張を受け入れ、従属的に外交を行ってきた』

と指摘した。その上で『一方的に相手の言いなりになるよりも、お互いに議論を通じ、信頼を高めていく』と強調した」と報じている。

トゥキュディデスの論「強者がその欲するところをなし、弱者はそれを甘受するしかない」が民主党政権になっても日米同盟にあてはまるか。それが、自民党政権時代の辺野古海上案を踏襲するか否かという問題であった。しかし、日本の新聞などマスコミは、こうした鳩山総理の問いかけは無視した。そして鳩山総理の孤独な戦いは、自ら軌道修正し、それが逆に国民の不信を増大させて、終わった。

また、日米関係に影響を与えるのは、米国の動きだけではない。中国や北朝鮮といった国々の動きが、日米関係を変えていく。

日本の意志と関係なく、日米同盟そのものが揺らぐ。「米国に追随する」だけの戦略で乗り切れない。今まさに、「日本人のための戦略的思考」がどうあるべきか、冷静に考える時期である。

第二章

なぜ日本人には「戦略」がないか

ジョークから見た日本人

ジョークは鋭《するど》く真実を突く。早坂隆《はやさかたかし》著『世界の日本人ジョーク集』(中公新書ラクレ)も厳しい。


「ある時、大型客船が沈没し、それぞれ男二人と女一人という組合せで、各国の人々が無人島へと流れ着いた。それから、その島ではいったい何が起こっただろうか?

イタリア人……男二人が女をめぐって争い続けた。

フランス人……女は男の一人と結婚し、もう一人の男と浮気した。

日本人……男二人は、女をどう扱ったらよいか、トウキョウの本社に携帯電話で聞いた」

「ある豪華客船が航海の最中に沈みだした。船長は乗客たちに速やかに船から脱出して海に飛び込むように、指示しなければならなかった。
アメリカ人には『飛び込めばあなたは英雄ですよ』
ドイツ人には『飛び込むのがこの船の規則になっていますよ』

イタリア人には『飛び込むと女性にもてますよ』
フランス人には『飛び込まないでください』
日本人には『みんな飛び込んでいますよ』」

日本人は「独自の判断ができない。他に従っているだけ」とみなされている。ジョークの世界だけでない。「日本人には戦略がない」という認識は、国際的に定着している。ド・ゴール仏大統領（一八九〇―一九七〇）は、西ドイツとは和解の道をとりつつ、独自の核兵器を持ち、NATO（北大西洋条約機構）からの脱退を行なう独自の戦略を持っていた。第二次大戦後の世界の戦略家に必ず入る人物である。

彼が、一九六二年にフランスを訪問した池田勇人《いけだはやと》首相（一八九九―一九六五）について「〝トランジスター（電子機器の意味）のセールスマンだ〟と語った」（読売新聞二〇〇五年七月二十三日朝刊「編集手帳」など日米双方で多くの引用あり）という。

「日本人は戦略的思考をしません」と言ったキッシンジャー

第二次大戦後、米国で最も戦略的思考を持った人物とされるのはキッシンジャーだ。彼は一九七四年、鄧小平《とうしょうへい》に対し「日本はいまだに、戦略的な思考をしません。経済的な観点からものを考えます」（ウィリアム・バー編『キッシンジャー「最高機密」会話録』毎日新聞社）と言っている。

キッシンジャーはさまざまな場で、日本人の戦略不足を揶揄《やゆ》している。マイケル・シャラー教授（アリゾナ大学歴史学部）は、「キッシンジャーの側近によれば、キッシンジャーは『日本人は論理的でなく、長期的視野もなく、彼らと関係を持つのは難しい。日本人は単調で、頭が鈍く、自分が関心を払うに値する連中ではない。ソニーのセールスマンのようなものだ』と嘆いていた」（出典・一九九六年の日米プロジェクト会議での報告書「ニクソンショックと日米戦略関係」）と指摘している。

キッシンジャーは日本人を馬鹿にした発言をする。同時に、彼の対日観は屈折している。キッシンジャーにとって、人生最大の業績は一九七二年のニクソン大統領訪中であろう。

キッシンジャーは隠密《おんみつ》外交を展開し、ニクソン訪中を実現した。しかし、米国内諸勢力の抵抗で、米中国交樹立は一九七九年まで実現しない。ニクソン訪中は、米国外交に反映できなかった。その中、田中角栄《かくえい》総理が七二年九月、日中国交正常化を実現し、結果としてニクソン訪中の実を横取りした。

キッシンジャーは、一九七二年八月の日米首脳ハワイ会談の直前に、バンカー駐南ベトナム大使と会談し、ここで日本に対する怒りを爆発させた。「裏切り者どもの中で、よりによって日本人野郎がケーキを横取りした（Of all the treacherous sons of bitches, the Japs take the cake)」（二〇〇六年五月二十六日、共同通信が英文で報道）。こともあろうに、馬鹿にしている日本人に馬鹿にされた。キッシンジャーの怒りはすごい。

この怒りを目撃した人がいる。元朝日新聞記者は「キッシンジャーはハワイ会談直前に訪日し、田中総理との会談を要請。田中総理は会う必要がないと撥《は》ね除《の》けた。間に人が入り、キッシンジャーは軽井沢まで出かけ、日中国交正常化を延期してほしいと頼んだが、田中総理は一蹴《いっしゅう》した。キッシンジャーは、ハワイ飛行場に降りた田中総理をすごい形相で睨《にら》みつけていた。自分は田中総理に会談の中身を問うたが、言えるはずがないだろうと言われた」と述べた。すさまじかったのであろう。しかし、多分、この田中・ニクソン、ハワイ会談録は外務省にない。

大統領補佐官として辣腕《らつわん》を振るった人物に、ブレジンスキーがいる。カーター大統領補佐官で、二〇〇八年の大統領選挙中オバマ氏の外交顧問をした。彼は、著書『ひよわな花・日本』（サイマル出版会）の中で次のように記述した。

「世界全体がどのように変化しつつあるのか、そういう世界に日本はどのように適応したらよいのか、日本の利益と責任とのバランスはどうあるべきなのかを明確にとらえようとする綜合的な努力が欠けている」

また一九九〇年代初期、私は、トルドー・カナダ元首相の補佐官ヘッドに会ったが、彼は次のように述べた。

「日本人の国際政治の場での発言の知的水準は低い。時々、参加者の共通の問題を理解せずに場違いの発言をしてはっとする。実は先進国首脳会議でもそういう事態が起こっていた」

学者、評論家になると激しさが増す。

ハーマン・カーンは著書『超大国日本の挑戦』（ダイヤモンド社）に次の記述をした。

「日本は技術と経済の巨人だが、軍事と政治のピグミーだ、という見方が日本人の間にあることは、すでに指摘したとおりである。これはきわめて妥当な現状描写だ」

また、ウォルフレンも著書『日本／権力構造の謎』（早川書房）の中で次のように書いている。

「全国民的視野と、長期的展望に立った戦略計画を立てるのは不可能」

個人の見解は、偏見になりやすい。客観的、相対的に日本の戦略的思考能力を調べたもの

各国の戦略・作戦・戦術の評価

	戦略(1)※	戦略(2)※	作戦	戦術
英　国	5	7	5	4
米　国	4	9	8	6
日　本	3	2	5	6
ドイツ	7	2	7	7

(1) 第一次大戦から第二次大戦まで
(2) 第二次大戦

がある。太田文雄《おおたふみお》著『日本人は戦略・情報に疎いのか』(芙蓉書房出版)は、クレピネヴィッチ教授がジョンズ・ホプキンス大学高等国際問題研究大学院で、十数名の学生(米軍の佐官クラスを含む)とともに行なった評価を掲載している(上表)。

表で、作戦、戦術では各国別に差はない。日本はトップクラスにいる。しかし、戦略になると、極端に低くなる。

戦略の欠如は、何も日本軍に限ったことではない。企業を含め、日本社会全体に言える。

ポーター教授は、「ほとんどの日本企業は戦略を持たない」と述べたが、戦略的思考が乏しい日本が第二次大戦後、なぜ世界第二の経済大国になれたのか。

一九七〇年代、八〇年代、経済分野では鉄鋼、自動車、電気、化学工業など、「何を生産するか」という戦略はすでに存在していた。目標とする製品は欧米が決めていた。後は、オペレーション上の効率性の勝負である。自動車産業でいえば、部品は約三万といわれた。ここで、「最高峰は低い。しかし広い裾野が広がっている」特色を持つ日本の教育が貢献した。部品三万個をそろえる作業は最高峰の勝負ではない。

しかし、競争の主力がオペレーション上の効率から「何を作るか」という戦略が問われる時代に移行すると、日本は弱体化した。

一九八〇年代末以降、金融、デザイン、ITなどの分野は、「何をするか」の競争である。ここで日本は惨敗した。特に金融は惨憺《さんたん》たる状況である。日本は働いて輸出した。代金が日本に来たが、日本は充分に運用できない。金は米国に逆流した。その金の一部が日本の資産を買う。何のことはない。利益は皆、米国に行った。

このシステムは、英国のインド経営の知恵から来たという。インド人が綿花を作り、英国に輸入する。インドが手に入れた代金は、投資先を求めて英国に戻る。綿花栽培が自動車製造に変わっただけだ。

図にしてみよう（次ページ図）。

綿花・自動車貿易における利益搾取のシステム

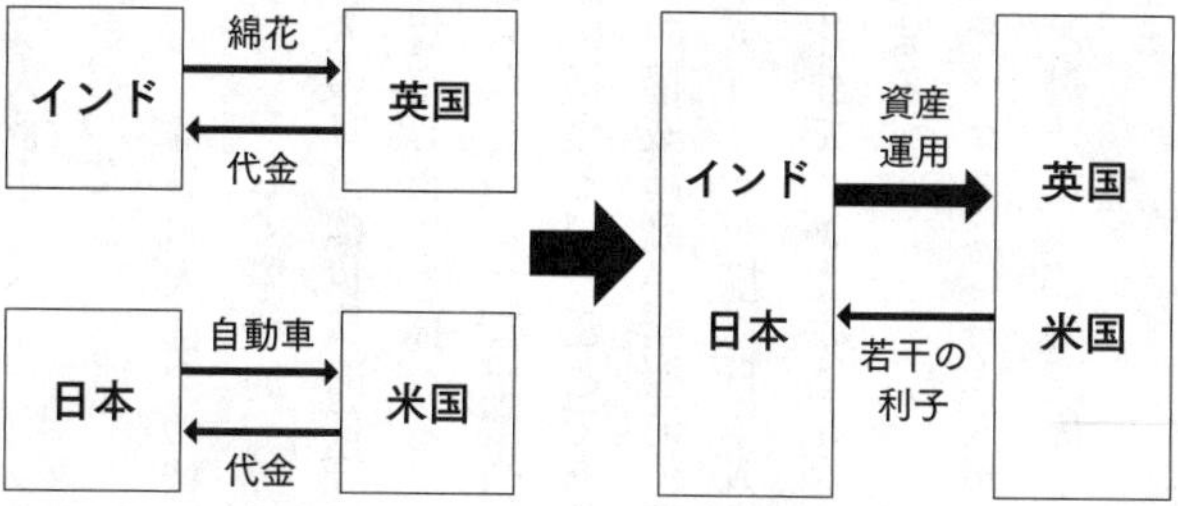

印英の綿花貿易においても、日米の自動車貿易においても、最終的に儲けるのは金融に強い英国・米国であった

このシステムでは、インドや日本は、輸出すればするほど痩《や》せこけていく。

後に見ていくが、戦略には「外的環境の把握」、「自他の優位性の比較」を行ない、「長期ビジョン」を持つ必要がある。情報力と構想力が問われる。この分野では日本は国際的に見て圧倒的に弱い。

『菊と刀』と『日本人とユダヤ人』の描く日本人像

何ゆえ、日本人は戦略に弱いのか。

ここでは二つの歴史的見方を見たい。一つはルース・ベネディクト著『菊と刀』であり、今一つはイザヤ・ベンダサン著『日本人とユダヤ人』（一九七〇年）である。

第二次大戦中、ベネディクトは米軍に協力した。『菊と刀』は、米軍の日本研究を反映したものと言ってよい。

『菊と刀』は日本人社会の特徴は「各々その所を得ること」を最も重視しているとし、「日本社会は著《いちじる》しく階級的、カースト的な社会であった」「日本の封建社会は複雑な層に分かれ、各人の身分は世襲的に守ってきた。徳川氏はこの制度を固定化させ、各々の日常行動を細かく規定した」と述べる。さらに、「行動は末の末まで、あたかも地図のようにあらかじめ決められている」「**日本人が誠実であるという語を用いる際の意味は地図の上に描き出された道に従うということである**」という。さらに、占領時代には「日本人が日本におけるアメリカの権威に高い階層的位置を承認するに至った」と記している。

ベネディクトが描く日本人像、「各々の日常行動は第三者によって規定されている」「行動は末の末まで、あたかも地図のようにあらかじめ決められている」は、今日の日本社会にも当てはまる。

ベネディクトは「日本人が日本におけるアメリカの権威に高い階層的位置を承認するに至った」と書いた。この関係が今日の日米関係に引き継がれている。特に、安全保障関係で顕著である。

本当の話であるかは検証する必要があるが、ある時、自衛隊の元将官が「日米軍人が演習などで一緒になる。日本の一佐（大佐に相当）が米国の中佐に最初に敬礼する」とぽろっと言った。敬礼は目下が目上にする。日米では、階級を飛び越え日本が米国に敬礼する。

私は日本人論としては、イザヤ・ベンダサン著『日本人とユダヤ人』が最も優れたものと思う。彼は次の論を展開した。

・日本人は水と安全は与えられるのが当然で、無料と思っている

・日本で「最も怖いのは地震、雷、火事、親父」といわれるように脅威は一過性である。頭を低くしていれば、脅威は過ぎ去る

・ほとんどの日本人は千年以上稲作に従事し、稲作を通じて思考が形成された。稲は熱帯性植物で日本はぎりぎりで栽培する。何をすべきかは考えなくとも決まっている。台風、田植え前の低温を考えると、一定時期しか栽培できない。このとき皆一斉に仕事をすることが求められる。この中で、独自性を主張する者は多分間違っている。それにもまして全員一致での作業にマイナスを与える

日本では、日本型稲作文化の影響で、独創性をマイナスと見なし、考えることなく全員で動くことが善である。「一所懸命」「一致団結」である。戦略的でなく、戦術的に動くことが求められる。しかし、狩猟民族にとって、ウサギは北から来ると意見の一致をみても、何の意味もない。周辺の民族は絶対攻撃してこない、と意見の一致をみても意味がない。「一所懸命」にも意味がない。

渡部昇一《わたなべしょういち》著『アングロサクソンと日本人』（新潮選書）も同じ流れにある。彼は「農業というのは、能力を必要としないのを建て前としている」「（徳川家康は）晩年になって考えが変った。実力主義というのはよくない。能力がある者が天下を取る、能力のある者が勝つ、こんなに悪い世の中はない。（中略）ひとたび天下を取ったら、天下を治めるのは、実力主義じゃいけない、というわけで、社会のシステムの中からすべての実力主義を抜いた」と記述している。

また丸山眞男《まるやままさお》著『日本の思想』（岩波新書）は「徳川時代のような社会を例にとってみます。（中略）こういう社会では権力関係にもモラルも、一般的なものの考え方の上でも、何をするかということよりも、何であるかということが価値判断の重要な基準となるわけです。（中略）各人がそれぞれ指定された『分』に安んずることが、こうした社会の秩序維持にとって生命的な要求になっております」と記述している。

日本の社会では〝分〟に安んずることが求められる。努力するとすれば、より上の〝分〟を得る努力である。〝何をするか〟ではない。

戦略を学ぼうとしない日本

岡崎久彦著『戦略的思考とは何か』（中公新書）は、日本での戦略論の草分け的存在である。この中で、岡崎氏は「戦略論を勉強しているうちにハタと気がついたことがある。私の知るかぎりで、先進国の大学で、戦略や軍事と題した講義を聞けない国は日本だけだということである」「しかも、これは戦後日本の反戦平和主義に由来するものでなく、戦前の統帥権の独立によるもののようである」と記述している。

元外交官で国際政治学者の伊藤憲一《いとうけんいち》氏も同様に、日本の大学で戦略が教えられていない点を指摘する。では、戦前の軍関係はとなると、クラウゼヴィッツなど、戦争の遂行、戦術の実施と深く関連した「戦略」を除き、国家としての選択の有りようの講義は、あまりなかったのでないか。

戦前、唯我独尊の戦略を唱える人はいた。しかし、自分の敵国に当たる国の戦略を深く学び、これを基礎に自国の戦略を述べた人はわずかである。

前に述べた、太田文雄著『日本人は戦略・情報に疎いのか』に見られるように、日本は第二次大戦で、戦略部門で一〇点満点の二点という状況で敗戦を招いた。もし東西冷戦がこなければ、日本は「日本の経済力は、日本が侵略した国の経済水準を決して上回らせない」という米国内の考えが実現したかもしれない。

戦後も、その状況は変わらない。一九九〇年頃からは、対米従属が一気に加速した。その結果、信じられないくらい〝寒い〟状況にある。後に検討するが、日本防衛の基本となる防衛大綱には、とても戦略と呼べるものはない。

外交では一九七〇年代、八〇年代は「自主外交」と呼び、曲がりなりにも独自に思考する局面があった。戦後の外務省員の中には、なるほど、そこまで考えていたのかと感心させられる思索があった。

しかし今日では、すべて米国の許容範囲内で動いている。安全保障に関する論議を見ると、ほぼすべて米国政府、米国学者のオウム返しである。独自の思索はまずない。驚くべき退廃である。

三年後あなたは何をしていますか？——戦略的発想の欠如

二〇一〇年三月、たまたま、「EUに対して日本がいかにして働きかけるべきか」という講演を聴いた。講師はステインハウス（Adam Steinhouse）、英国国立行政研修学院（National School of Government）欧州部長である。彼が講義の途中に面白いことを言った。

「私は〝日本がいかにしてEUに働きかけるべきか〟を日本の官庁、企業に助言してきました。私はしばしば相手に〝ところで二年後、三年後、あなたはどんな仕事をどういう風にしていますか〟と聞きました。すると、相手は一瞬呆然《ぼうぜん》とするのです。二年後、三年後の自分の未来に明確な計画がないのです」

当然の反応である。日本の官庁、企業の人に「あなたは二年、三年後何をどうしていますか」と問うても正確な答えは出てこない。ポストは会社や企業が決める。二、三年で異動する。仕事も同じ。何をするかを自分で決定するわけでない。これでは、「二年、三年後何をどうしていますか」とあらためて問われても、呆然とするのは当然だ。

ステインハウスは続けて言った。「この点が日本人と英国人の違いです。英国人は二年後、三年後の自分の目標を持っている。そして、その目標をどう達成するかを常に考えている」
ステインハウスの何気ない発言は、私の心にぐさっときた。たまたま宇田信一郎《うだしんいちろう》氏（元NHK会長室主幹）に「暇ならどうぞ」と誘われて講演を聴きに出かけたが、この時すでに、本書の執筆を開始していた。「戦略とは何か」、「日本人に戦略的思考があるか」「戦略欠如の日本にいかなる害が及んでいるか」が課題である。ステインハウスの何気ない言葉が、核心をついている。

我々は明日をあなた任せに生きている。それで何の不安も持っていない。組織の中の人間として、日々与えられた仕事をいかに完璧にするかに苦心する。戦術（戦争における戦い方）に特化している。ここでは世界に誇る「企業戦士」振りを示す。

しかし、一番重要な「いかなる仕事を将来するか。そこに到達するために何をするか」という戦略部分は欠落している。戦略部分を他者に委《ゆだ》ねている。他者に対する見事な信頼である。外務省時代の私も、もちろんその一人であった。個人として「未来の目標を設定し、かつその道筋を真剣に考える」という戦略部分が欠落している我々に、「自分の属している組織や国の将来を考えろ、道筋を考えろ」と言っても無理である。

それでも、戦略的発想をする人はたまに出る。だが、横並び意識の強い日本の組織で、例外的な人間の扱いは難しい。気紛《きまぐ》れに使われることはある。しかし長期的に重用されない。組織が彼に馴染めないのだ。日本の官庁や企業、あるいは政治家集団に戦略が欠如していると言われても当然だ。

戦略的思考のない日本企業は敗れる

この本は『日本人のための戦略的思考入門』である。その出発点は、「我々日本人は国際水準では戦略的思考が劣っている」ことを謙虚に自覚することだ。

戦略的思考の弱体は今、日本社会全体の深刻な危機につながっている。何も安全保障分野だけでない。企業も同様である。

企業戦略の第一人者、マイケル・ポーター・ハーバード大学教授は『The Strategy Reader（戦略読本）』(Susan Segal-Horn 編）の中の「日本企業はほとんど戦略を持っていない（Japanese Companies rarely have strategies）」の項において、「日本は一九七〇年代、八〇年代オペレーション上の高い効率性を示した。しかしほとんどの日本企業は戦略を持たない。今や日本式競争の危うさが明確になった。しかし（国際間の）オペレーション上の効率性のギャップが狭まると日本企業は罠の中に入ってしまった。日本企業は戦略を学ばなければならない」と指摘した。
「日本企業は戦略を学ばなければならない」という表現は、「学ばなければ競争から落ちこぼれていきますよ」という表現と同意である。

今、企業の生存は「決められた製品をどのように作っていくか」ではなく、「何を作るか」にかかっている。かつ、何を作るべきかの外部情勢は刻々変化している。今や、オペレーションの競争ではない。企業戦略の競争である。その際、技術開発、消費者動向、競争相手、自社生産能力などを総合的に考える力が問われる。

私は、何人かの旧通産省OBの方々を知っている。このOBの方々の相当数が「今日、日本の代表的企業のトップと会ってびっくりするのは、自社について確たる戦略を驚くほど持っていないことです」と嘆《なげ》く。もちろん、オペレーションには通じている。「今日まできたではないか。維持に全力を尽くそう」、多分これが主流である。そこには、「今日のオペレーションの継続でどこまで生き残れるのか」の問いはない。

IT産業、コンピューター産業といえば、時代の最先端をいく分野である。この代表的企業のコンピューターシステムの中心理念ですら、今日でもコスト削減と業務改善である。他方、米国主力企業は顧客の需要にいかに応えるか、外部環境の把握を中心に据えている。

それはまた、日本国家戦略――「日米安保条約の下、今日は繁栄してきたではないか。これを崩さぬよう全力を尽くそう」の発想と同じである。現状に対する信仰がある。外部情勢の変化には目を逸《そ》らす。

しかし、外部情勢の変化こそ、今日、企業経営の根本を揺るがす。株価一つを見ても、国際政治に大きく左右されている。

企業環境は刻々変化する。しかし、今日の日本企業を見ると、「国際間のオペレーション上の効率性のギャップが狭まる」という現象を前に、ますますオペレーション上の費用対効果の追求に専念し、邁進《まいしん》している。

こうした中、オペレーション上、不要不急なものは容赦なく切り捨てられる。悠長《ゆうちよう》に企業戦略を考えるとか、そのために人的交流を深める、研究助成をする、国際情報収集体制を強化するといったことは、無駄とみなされる。しかし、それが結局は、自社、そして日本全体の企業戦略基盤を弱め、長期的衰退を加速化させている。

戦略観は一夜にしてできない。異種の多くの人と交わり、異なる価値観に遭遇する。それによって外部環境の把握が進む。

過去、世界の動向を秘密裡に決めてきたと噂されたビルダーバーグ会議の二〇一〇年の参加者を見ると、経済界、安全保障関係、政府関係者、ジャーナリズム、皇族など、世界の実力者と言われる人々が一堂に会している。これ一つ見ても、欧米の指導者たちは、さまざまなジャンルの人々と交わることに利益を見いだしている。

どれだけの企業人が「日本企業は戦略を学ばなければならない」とのポーター教授の指摘を真剣に考えただろうか。多分、日本企業は今後、自社企業の戦略の未熟さで、国際競争に続々敗れていくだろう。

昔、世界中の人々はイタリアの首相在任期間の短命を笑った。誰もが短命な首相の下では、真っ当な国家戦略が出てこないことを理解していた。しかし、今、日本が笑われる番である。日本の首相の短命が続く。マスコミは政策論議をせず、政争だけを追っかける。そして、国民も政争だけで内閣の有りようを判断する。

首相が短命で終わる国に、真っ当な国家戦略が出るわけがない。企業や官庁でも同じである。戦略を考えるべき地位にある者が、順繰りに二年くらいの単位で代わる。この組織運営で、世界を相手に通用する戦略が出てくるはずがない。

いかなる戦略を求めるかの論議は大事である。しかし、同時に国家や企業に戦略を論ずることのできる体制を作ることが、「論議」自体よりも重要かもしれない。

第三章　戦略論はどのように発達してきたか

軍事戦略と経営戦略を融合させたマクナマラ

戦略は、もともと軍事から出発した。しかし、戦略は軍事に限定されない。

今日、戦略が最も求められるのは企業である。米国の著名な大学の多くはビジネス・スクールを持ち、経営戦略を教える。経営戦略論という学問は、その出発点において、軍事戦略から学び発展した。

今では、経営戦略が軍事戦略よりも理論的に緻密《ちみつ》になった。かつて、経営戦略を学ぶ者が軍事戦略から学んだのと同じように、今は軍事戦略を学ぶ者が経営戦略から学ぶ時期に来ている。

軍事戦略と経営戦略の融合の中心にロバート・マクナマラ（一九一六―二〇〇九）がいた。一九四〇年、マクナマラはハーバード大学ビジネス・スクールの助教授になる。ここで、統計を中心に、企業経営の分析を、空軍将校に教えた。

第二次大戦が勃発、何千という飛行機が戦争に投入されており、この管理が問われていた。軍にはまだ管理システムがない。そこでマクナマラが米軍に呼ばれ、管理システムの構築に参画した。マクナマラは対日空爆作戦にも関与した。

第二次大戦後、マクナマラを中心とする一〇人の「神童たち（Whiz kids）」と呼ばれるグループが、空軍管理システムを持って米国自動車会社フォード社に移籍し、企業経営に適用した。一九六〇年、マクナマラはフォード社社長に就任する。

その直後、ケネディ大統領がマクナマラの才能に着目し、国防長官に指名した。マクナマラは、フォード社で磨いた管理システムを国防省に導入し、戦略システムを完成させる。マクナマラは、もともとハーバード大学と密接な関係を持っている。マクナマラの戦略システムが今度は、ハーバード大学ビジネス・スクールで企業戦略に利用された。

今日の経営戦略は、マクナマラの軍事戦略システムと深く関連している。ダベンポート（Davenport）ハーバード大学教授は『ハーバード・ビジネス・レビュー』で、「マクナマラは公的、私的分野でシステム的かつ分析的に考えた最初の人物であろう」と評した。

マクナマラ理論は次の三つの段階に分けられる。

第一段階…目標を明確に設定せよ
第二段階…目的達成の計画を作れ
第三段階…システム的に計画実施を管理せよ

次ページ図の「マクナマラ戦略と経営」がマクナマラの戦略システムを簡潔に示している。図は、馬淵良逸《まぶちりよういつ》著『マクナマラ戦略と経営』（ダイヤモンド社）に掲載されているものを筆者が若干改訂したものだ。元は『ハーバード・ビジネス・レビュー』に載ったもので、米国インターナショナル・ミネラルズ・アンド・ケミカル社がペンタゴンから学んで作成したものだ。

このマクナマラの考えは依然として、経営戦略に大きな影響を与えている。

また、戦略論の古典としてロングセラーを続ける、マイケル・ポーター著『競争の戦略』（ダイヤモンド社）は、「企業戦略策定のプロセス」を次のように示している。

A　企業が今行ないつつあるものは何か

1　どんな戦略か

2　戦略の基礎になっている仮説（前提）は何か

B　企業環境に何が起こりつつあるか

業界分析、競争者分析、社会分析、自己の長所と短所

C　企業は今後何をしなければならないか

マクナマラ戦略と経営

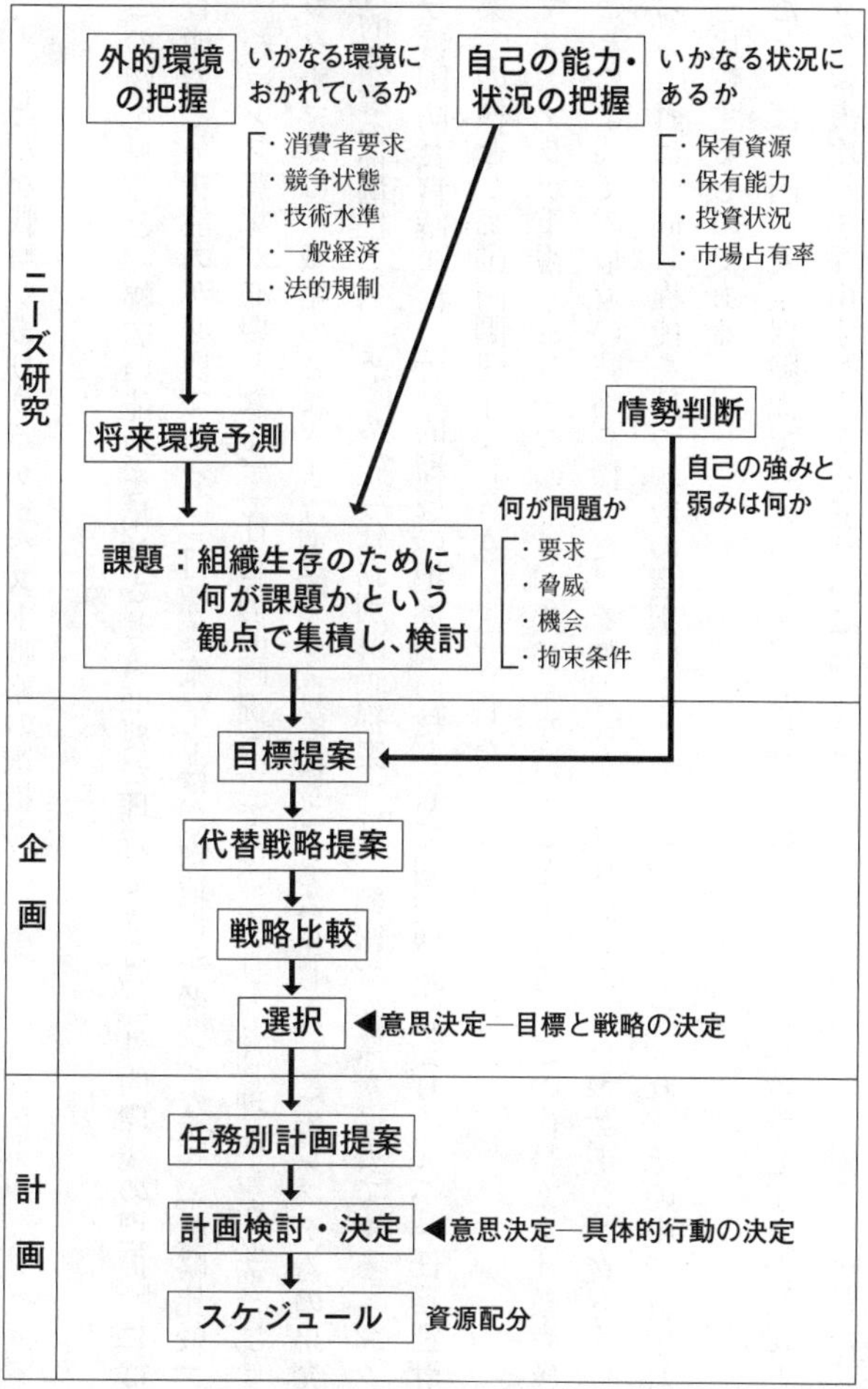

（出典：馬淵良逸『マクナマラ戦略と経営』より筆者若干改訂）

どんな戦略がありうるか。ベスト戦略の選択

この図を見ると、幅広い能力を集結させる必要が理解できる。「外的環境の把握」には、調査能力と分析能力が必要である。「目標提案」では、創造性が必要となる。「戦略比較」では、バランス感覚が必要となる。「任務別計画提案」では、実行力と管理能力が必要になる。

マクナマラは、戦略のさまざまな要因を総合的にシステム化した。このシステムの出発点「外的環境の把握」と、まとめの「任務別計画提案」は、綿密な作業が必要である。マクナマラは国防長官時代に、「外的環境の把握」の核として国防情報局（ＤＩＡ）、「任務別計画提案」の核として国防調達庁（ＤＳＡ）を設立した。

マクナマラが重視した今一つの点は、代替案を持つことである。この代替案を比較考慮することによって、最適の戦略を探った。その方式が「プログラム・パッケージング方式」である。これは、同じ機能を持つ複数の選択肢を一つのパッケージに入れ、その中で費用対効果を比較するものである。

たとえば、国の安全保障面で考えると、最も重要なのは、敵国が核攻撃してきた時にどのような報復攻撃を採用すべきかを考えることである。

米国は報復攻撃にＩＣＢＭ（大陸間弾道弾）、ＳＬＢＭ（潜水艦発射弾道ミサイル）、戦略爆撃機と、複数の手段を持っている。この選択が問われる。ＩＣＢＭ、ＳＬＢＭ、戦略爆撃機を一つのプログラム・パッケージに入れる。ここで各々の兵器を使用する際の兵力、資財、施設等の費用総額を計算する。効果の面では各々の兵器の軍事的破壊能力を計算する。こうして費用対効果を計る。

この作業をシステム的に分類してみよう。

（１）攻撃目標を決定する
（２）目標に対する爆発力を決定する
（３）費用対効果を検討して、最適のミサイルシステムを決定する

このように、マクナマラ戦略は、戦略手順をシステム化した。マクドナルドの企業課題を例にして、各々の課題が、マクナマラ戦略のどの部分に該当するかを考えてみよう（注・マクドナルドの抱える問題は、『The Strategy Reader』のポーター論文より引用）。

(1) 日本・インド・南米と国・地域によって異なる嗜好《しこう》への対応を考える――「計画検討」

(2) ロシアにおける輸送の円滑化――「スケジュール」

(3) 英国での「狂牛病」対策――「外的環境の把握」「任務別計画提案」

(4) バーガー・キングなど同業他社からの挑戦――「外的環境の把握」「情勢判断(自己の強み)」「戦略比較」

(5) 訴訟への対応――「外的環境の把握」「任務別計画提案」

(6) 新製品の開発――「外的環境の把握」「自己の能力・状況の把握」「計画検討」「戦略比較」「任務別計画提案」

マクドナルドが抱える問題点は、処理いかんで、マクドナルド社に致命的打撃を与える。日本企業もマクドナルドと類似した課題を抱えている。マクナマラ戦略は、すべての組織に有益である。

マクナマラ戦略の中心部に「代替戦略提案」がある。一見当然の過程であるが、実施は容易でない。ハーバード・ビジネス・スクール『HBS二〇〇四年四月号』でマクナマラが述べたことを見てみたい。

「すべての大きい機関においては、基本的かつ議論を呼ぶ問題は、しばしば表に出てこない。デトロイトの自動車会社でもそう、ベトナム戦争に関してもそう。イラク戦争についてもそう。ベトナム戦争時代のドミノ理論（ベトナムが共産化すれば一斉に共産化するというドミノ現象が起こる。この論に基づき米国はベトナム戦争に介入）は政府の上層部で決して議論されなかった。イラク戦争も同様である」

このマクナマラ発言をうけて、二〇〇七年十月ハーバード・ビジネス・スクールは、ガリー・エモンズ（Garry Emmons）著「政策決定で反対を奨励しよう（Encouraging Dissent in Decision-Making）」をウェブ（HBS WORKING KNOWLEDGE）に掲載している。概要は以下のとおりだ。

「ケネディ大統領は一九六一年、キューバ侵攻ピッグス湾作戦にあたり、適当にサインしたばかりに、米国外交最大の失態を演じた。一九九六年のエベレスト登山においては、チームの下級メンバーは、リーダー格が安全の基本原則を無視していることを指摘できずに、悲劇を招いた。

エドモンドソン・ビジネス・スクール博士課程学科長は、沈黙を守るという欠陥は米国の私的、公的組織で『蔓延』していると言う。ハイテク企業で二〇〇人にインタビューしたが彼らは重要と思うことでも発言しない。それは一概に悪いニュースだけでない。発言が歓迎されると思わないかぎり、いいニュースも発言しない。

発言の結果出てくる（マイナス）コストは確実で、すぐ現われる。他方、発言の（プラス）効果が現われるのは先で、未確定なものを含んでいる。だから、発言を控えるという心理が働く。一般通念への挑戦は企業や個人を混乱させる。〝船を揺するな（Don't rock the boat）〟や〝一緒に行くことで調子を合わせられる（You get along by going along）〟は時代遅れの呪文のようであるが、今も健全な助言と見られている」


マクナマラは最高の戦略体系を築いた。同時に、ベトナム戦争継続という米国外交上、最大の失敗もした。どこに問題があったのか。

「人間的判断より論理的判断を優先する人間コンピューター」と称されたマクナマラは、数字で表わせるデータを最重視した。ベトナム人の心など、数字に表わすことのできないデータは無視した。結果として「外的環境の把握」が歪《ゆが》んでしまった。

神童マクナマラは、完璧な戦略システムを構築した。しかし、システムは構築したが、システム運用の哲学が入っていなかった。後で検討するが、孫子をマクナマラの戦略システムに当てはめると、孫子が見事な整合性を持っていることに気づく。

戦略の伝統的定義――クラウゼヴィッツ・モルトケ・ハート

マクナマラ戦略を念頭において、戦略がどう定義されてきたかを見てみたい。英語の本家、英国のコンサイス・オックスフォード辞典（Concise Oxford English Dictionary）は、「戦略（strategy）」を次のように記す。

・特別の長期的目的を達成するための計画
・戦争、戦闘における軍事戦略を計画し指導する術

またウエブスター辞典（Webster Dictionary）は、次の定義を行なっている。

・平時及び戦時における政策を最大限に支援するため、政治・経済・心理、軍事力を使用する科学及び術

軍事戦略家とされる人は、戦略を限定的に考える。

ドイツの戦略家カール・フォン・クラウゼヴィッツ（一七八〇―一八三一）は戦略を「戦争目的を達成するための戦闘使用に関する規範」とした。同じくドイツのヘルムート・フォン・モルトケ（一八〇〇―一八九一）は「所定の目的のために軍人に委任された諸手段の実

際的な運用である」とした。英国の戦略家リデル・ハート（一八九五―一九七〇）は「政治目的を達成するための軍事的手段を配分・適用する術である」と記述した。

ここでは、軍人に委ねられる以前の問題、戦争を行なうか否かなどの決断の分野を、政治の分野として切り離している。しかし、これら狭義の戦略定義はクラウゼヴィッツやモルトケら、軍事に特化した人々の定義である。

このクラウゼヴィッツ、モルトケ、ハートという戦略家の定義を、マクナマラの戦略の定義でみると、「目標と戦略決定」後の段階、「任務別計画」「スケジュール」の実施を重視していることがわかる。逆に言えば、クラウゼヴィッツ、モルトケ、ハートの戦略は、「外的環境の把握」「将来環境の変化」「自己の強みと弱みの情勢判断」「代替戦略の比較」の部分がすっぽり抜けていることに問題がある。

第二次世界大戦前、我が国の旧帝国軍は、クラウゼヴィッツ、モルトケのドイツ流、プロイセン（北ドイツの大国。これがドイツ帝国に発展）流を基礎とした。このため、「外的環境の把握」や「自己の強みと弱みの情勢判断」、「代替戦略の比較」の分野が極めて弱い。

今日の自衛隊も、旧軍の伝統を引き継ぎ、「外的環境の把握」や「代替戦略の比較」で大変に弱い。

戦略の定義によって範囲が異なる

	狭義の戦略定義	広義の戦略定義
戦争するか否かの判断	政治の分野	戦略の分野（大戦略）
戦争の各種方針（戦闘前）	戦略の分野	戦略の分野
戦闘の行ない方（戦場）	戦術の分野	戦術の分野

『孫子』を見ると、単なる軍人の任務の考察ではない。「外的環境の把握」や「自己の強みと弱みの情勢判断」、「代替戦略の比較」を考えている。

孫子は「凡《およ》そ用兵の法は、国を全《まつと》うするを上と為し、国を破るはこれに次ぐ」「百戦百勝は善の善なる者に非《あら》ざるなり。戦わずして人の兵を屈するは、善の善なる者なり」「故に上兵は謀《ぼう》を伐つ。其の次ぎは交《こう》を伐つ。その次ぎは兵を伐つ。その下《げ》は城を攻む。攻城の法は、已《や》むを得ざるが為めなり」と記している。マクナマラの言う「代替戦略の比較」である。

孫子は、「兵を伐つ」「城を攻む」を重視するクラウゼヴィッツやモルトケの戦略論を、一段低い位置に置いている。サミュエルズMIT教授らが、今日でも孫子を高く評価している所以《ゆえん》である。

英国の国際戦略研究所（The International Institute for Strategic Studies）は、一九五八年に設立された。その目的は、核兵器時代において、国際関係をいかに野蛮的でなく（武力的でなく）、より文明的手段によって維持するかを研究することである。

この研究所では現在、（1）紛争、（2）軍事・軍事バランス、（3）グローバル問題と機関、（4）核不拡散、（5）気候変動、（6）国境の枠を越えた危機（テロリズム）を研究対象としている。

米国の戦略国際問題研究所（CSIS）は、「冷戦の絶頂期に米国の優位性と繁栄を維持する道を見いだす」ことを目的として設立された。ここで、「米国の優位性と繁栄を維持する目的」が唱えられていることが注目される。

今日の研究対象は（1）防衛安全保障問題（国防資源、本土防衛、国際安全保障、核兵器開発、テロ問題）、（2）エネルギー・気候問題、（3）国際的健康問題等である。これら問題も、「米国の優位性と繁栄を維持する」ための課題である。

英国の国際戦略研究所や米国の戦略国際問題研究所（CSIS）の任務を見ると、マクナマラ戦略の「外的環境の把握」が重視されている。一方、日本では、この分野の研究は存在しないと言っても過言ではない。

戦闘を回避するための新しい戦略――ハートの間接的アプローチ戦略

第一次世界大戦での犠牲者（死者）は、戦闘員九〇〇万人、非戦闘員一〇〇〇万人に上った。英国の戦略家リデル・ハートはこの戦争に参加した。その英国ですら、九〇万人の犠牲者を出した。

当然多くの人が、クラウゼヴィッツの「戦争とは相手にわが意志を強要するために行なう力の行使である」「この目的を確保するために我々は敵を無力にしなければならない」や、モルトケの「敵国政府のあらゆる戦力の根源、すなわち経済力、運輸通信手段、食料資源、さらには国家の威信すらも奪取しなければならない」という戦略論に疑問を持った。

クラウゼヴィッツやモルトケは「戦略とは相手国の完全破壊を目指すもの」であることに疑問を抱いていない。しかし、「その過程で味方がどれくらいの被害を被《こうむ》るのか」「この被害と目指すもののバランスがとれているか」の判断が抜けている。

リデル・ハートは『戦略論―間接的アプローチ』（原書一九四一年発行）を出す。彼は、軍事論として、（1）最小予期線（敵が先見・先制する可能性の最も少ないコース）、（2）最小抵抗線を活用せよ、などを主張した。これが正面衝突を避け、間接的に相手を無力化・減衰させる「間接的アプローチ戦略」と呼ばれるものである。

彼は「第一次世界大戦では正当な目的と考えられた〝戦場における敵軍主力の撃滅〟が追求されたが、この方法は決定的な結果をもたらさず、かつ単なる消耗に終わった」「いかにして敵の神経システムを形成する交通線、指揮管理センターに決定的打撃を加えられるであろうか」「空軍は上の行動と共に、〝国家の神経システム〟や〝静的な産業センター〟に直接的、決定的効果を持つ打撃を持てるか」と問うた。

また、リデル・ハートは「間接的アプローチ戦略」という軍事理論を提言するだけでなく、次の文章に示されるように、より大きな問題、戦争を行なうか否かの問題も提示した。

「とりわけ三十年戦争で交戦国は、一連の長期にわたる消耗戦、さらには国土の荒廃をもたらす戦争を展開したため、十八世紀までには、政治家は、戦争の遂行にあたって交戦国が戦争目的達成までの段階で発する野心・情熱を抑制する必要性を認識するようになった。一方で、この認識から戦争の規模を制限する暗黙の了解が生まれた」

「力は、その使用にあたりもっとも慎重かつ理性的な計算で統制されないかぎり、悪循環を繰り返す。というより、螺旋《らせん》状に進行するという方が正しいのであろう」

「文明国の没落は、敵の直接攻撃に起因するものではなく、戦争による疲弊の結果と結びついた内部崩壊によるものが多いことは、歴史が証明している。しかしながら、未解決に起因する不安、すなわち、サスペンス状態は辛いものであり、それに耐え切れず、個人・国家は自殺に導かれることが多い」

こうした了解の上に生まれたのが、一六四八年に締結された、三〇年戦争の講和条約であるウェストファリア条約である。この条約の締結国は、相互の領土を尊重し、内政への干渉を控えることを約した。

現代の戦略は「ウェストファリア条約」を守るか否か

リデル・ハートは、自制を求めるウェストファリア条約は、基本的に正しいと見ている。ウェストファリア条約の理念を守るか否かは、現代戦略の岐路《きろ》となる。米国の政治学者フランシス・フクヤマは、一時ネオコン・グループに属した人物であり、著書『アメリカの終わり』（講談社）で次のように記述している。

「ブッシュ政権の戦略で最も論議を呼んだのは、『先制攻撃ドクトリン』だろう。(中略)先制攻撃も単独行動主義も、アメリカ外交における新機軸ではない。(中略)ブッシュ政権の国家安全保障で革命的なのは、先制攻撃の伝統的な概念を拡大して、実質的に『予防戦争』となるものを含めた点だ。先制攻撃は通常、切迫した軍事攻撃を打ち砕くための行動と理解されている。対して、**予防戦争は何カ月あるいは何年も先に実現しそうな脅威を除去するための軍事作戦である。**(中略)つまりアメリカは、国家の主権を尊重し、既存の政府と協力する必要があるというウェストファリア条約以来の概念を捨て去」った

「ウェストファリア条約体制」とか「ポスト・ウェストファリア体制」といった言葉は、学者仲間の符号だ。これでは部外者は議論に参画できない。しかし、この問題の根本は、「軍事力使用に抑制をつけるべきか否か」にある。

三〇年戦争は、新教派(プロテスタント)と旧教派(カトリック)との間で展開された最後の宗教戦争と言われる。「誰が正しいか」で宗教戦争を行なった。結果、戦争の主たる舞台

となったドイツでは、人口が一五〜三〇%減少した。ドイツ人男性は半分になった。チェコにおいても人口は三分の一、減少した。

この戦争の悲惨さを前に、戦争と平和に対する考え方が変わった。

発端となった宗教戦争では、カトリック、プロテスタント双方が、自らは正しいと考え、〝正義の〟戦争をした。これを避けるため、国家の主権を認め、干渉しないことを原則とするウェストファリア条約が結ばれた。国の有りようは各国に委ねた。

これは、なにも国家の主権を認めることで、一番いい国内政治をできると判断したからではない。正義を最も実現できるしくみでもない。しかし「自分の方が正しい。正義を実現すべきだ」と主張し、戦うことの犠牲の大きさに気づいたのである。

その結果として約三〇〇年間、比較的平和な時期が続いた。このウェストファリア条約的理念が後退し、クラウゼヴィッツの『戦争論』が全盛を迎えた時、欧州は再び第一次大戦、第二次大戦を経験した。そして、第二次大戦後、国家の主権を尊重するウェストファリア条約の理念が、再度国際社会に認識され、国連憲章として復活した。

戦後、一時期、これが国際政治を形成する主要な理念となった。日米安保条約にすら反映されている。第一条において、「締約国は国連憲章に定めるところに従い」「国際連合の目的と両立しない他のいかなる方法によるものも約束する」とした。国家の主権を認め、干渉しないことで平和の維持を求めたのだ。

しかし、二〇〇一年ブッシュ政権が登場し、国家の主権を認め、干渉しないことで平和の維持を求める流れは、明確に変更された。フランシス・フクヤマは「ブッシュ政権の政策は脱ウェストファリア（理念）」と指摘した。そしてイスラム教徒と西側の対立を招いた。

「脱宗教」がウェストファリア体制である。ブッシュの「脱ウェストファリア」は、再び宗教対立を持ち込んだ。

イラク戦争での米国兵死者数は、二〇一〇年五月時点で四四〇〇名、他方、イラク人死者は二〇〇九年四月二十四日AP通信が一一万六〇〇名と報じた。「脱ウェストファリア」で問われるのは、犠牲を招いて達成されたものは何か、すなわち、戦争の費用対効果のバランスがとれているかである。

ジョセフ・ナイは『国際紛争』で「脱ウェストファリア体制」を次のように説明している。

・政府の国境内における事実上の支配は、しばしば程度の問題となる。一つには国際的な経済の相互依存関係である。麻薬、難民など外部のアクターが国内問題に影響を与えるのである。

・左右を問わずコスモポリタンは、個々人の正義や人権を促進できるなら、介入は正当化できるという見解を共有している。

・国家の領土保全と外部からの侵略に対する主権の防衛にだけ、介入は正当化できると国家中心的道義主義者は考えている。外部からの侵略といっても曖昧な場合がある。

確かに、グローバル化が進んだ。国際的な枠組みでの介入は、正当化できるかもしれない。しかし、ウェストファリア体制の最も重要な点は、「主義主張の是非で軍事行動を行使することは避ける。それが平和を獲得する手段である」という理念である。ナイら「脱ウェストファリア体制」を支持するグループは、「平和を維持するためには、特定の理念を追求するために軍事行動を取らない」ことの有益性は論じていない。

国連の役割は、軍事行動を取り、新たな秩序を作り出すことではない。軍事行動を極力限定することにより、平和を維持する組織である。国連の役割を論ずる時の最も重要な点は、「軍事力の行使を規制することが結局は平和を維持できる」という考えが機能しないか否かにある。

歴史的に見ると「正義を実現するために戦争をすべきか否か」は、常に議論の対象だった。冷戦時の「ソ連封じ込め」作戦も同じである。「スターリンの共産主義は悪である」、この点では西側諸国内で意見の一致がある。

では、この悪にどう立ち向かうか。

当然、「軍事力で一気に押しつぶせ」という考えがある。この中で出てきたのが、ジョージ・ケナン（一九〇四―二〇〇五）だ。ジョージ・ケナン駐ソ大使は、一九四六年二月二十二日、長文の電報を送った。その論理は次のものである。

「ソ連は悪だ。しかし、国内に大変な弱体を持ち、早晩、自壊する。この間悪が外に出ないよう封じ込める。しかし、ソ連体制を壊すために、武力を使わない」

この「封じ込め政策」は一見、タカ派路線に見える。しかし、真の狙いは「巻き返し（Roll Back）」と呼ばれる戦略への対抗である。「巻き返し」は「軍事力を利用し、敵軍を殲《せん》滅《めつ》し、陣地を取り戻す」策である。封じ込め政策とは本質的に、「戦争とは相手にわが意志を強要するために行なう力の行使である」「この目的を確保するために我々は敵を無力にしなければならない」という、クラウゼヴィッツ的戦略との戦いだった。

米国が敵とみなす国が出てきた時に、どう対応するか。一つの流れは、敵を壊滅する方向である。今一つは、敵との軍事衝突を避ける動きである。米国では、この二つの潮流が絶えず争っている。

冷戦時、一時期ケナンの「ソ連封じ込め」が優位に立った。しかし一九五三年、ジョン・ダレスが国務長官に就任し、一月十五日議会で「封じ込め政策は健全な政策ではない。防御的政策は失敗する。共産圏を積極的に解放する政策をとらなければならない」とする解放政策（liberation policy）を宣言する。封じ込め政策の主張者ケナンは、次第に国務省で疎外され、同年、プリンストン大学教授に転出した。

ゲーム理論による新しい戦略——最良の戦略は自分では決められない

「ゲームの理論」というと、多くの人は尻込みする。「ゲームの理論」は理論を発展させる上で高度に数式化した。その結果、一般の人が近づきがたいものとなった。軍事戦略論を考える人も、「ゲームの理論」と聞いただけで逃げる人が多い。

評判の高い映画に「ビューティフル・マインド」がある。二〇〇一年の作品で、アカデミー賞作品賞、監督賞などを受賞した。作品では、主人公である数学者が、軍に数学的才能を利用され、その過程で心理的破綻をきたしていく様が描かれた。実在の主人公ジョン・ナッシュは一九五〇年代、軍事研究で著名なランド研究所で勤務している。

ナッシュは「ゲームの理論」において重要な「ナッシュ均衡」という概念を打ち出した。「ナッシュ均衡」の最重要な点は**「各プレーヤーがゲームで選択する最良の選択は個人が独立して決められるものではなく、プレーヤー全員が取り合う戦略の組み合わせとして決定される」**という点である。

戦略を論ずる人はしばしば、「我が国の戦略はこうだ」と単純明快に述べる。最近では「日米同盟を堅持すればいい」との論が代表的だ。しかし、我が国にとっての最良の戦略は、日本独自で決められない。関係国の動きによって変化する。「ナッシュ均衡」はこれを数学的に証明した。

ここでは、渡辺隆裕《わたなべたかひろ》著『ゲーム理論』（ナツメ社）を基礎に見てみたい。

・今「文秋」と「新朝」という二つの週刊誌がある。
・週刊誌を一冊だけ買う人間が一〇〇万人いる。
・「議員汚職」の特集があれば買うという人が、七〇万人存在し、「金融不安説」には三

週刊誌の販売合戦

		「新朝」の選択	
		議員汚職	金融不安
「文秋」の選択	議員汚職	45（二五）	70（三〇）
	金融不安	30（七〇）	25（五）

（単位万部、算用数字は「文秋」、漢数字は「新朝」の販売数）

〇万人が存在する。これらの読者は、週刊誌を一誌だけ買うとする。その中で、「文秋」と「新朝」はどの特集をしたら良いかを、以下条件の下で考える。

・「文秋」の発売は二日早い。一日前に広告を出す。

・「文秋」が先に発売するので、両者が同じ特集をしたら、「文秋」側が多く売れる。両者とも「議員汚職」であれば、「文秋」が四五万人、「新朝」が二五万人とする。両者とも「金融不安説」であれば、「文秋」が二五万人、「新朝」が五万人とする。一方が汚職、一方が金融不安説であれば汚職の方が七〇万人、金融不安説の方が三〇万人となる。

・その時「文秋」と「新朝」はどの特集を組んだらよいかという問題である。

整理すると前ページ表のようになる。この表から学びとれるのは、以下のことである。

・「文秋」にとって「議員汚職」は一見最適値のように見えるが、両者共通の最適値にはならない（両者とも「議員汚職」を選択した場合、両者の販売は最高にいかない）

・相手の出方いかんによっては、「新朝」の場合、一見「最悪値」（金融不安）の選択が、一見「最適値」（議員汚職）と見えるものよりも優れている

・すなわち最適な行動は多くの場合相手に影響される

多くの人は自分の最適値は自《おの》ずと決まっていると考える。しかし、この週刊誌販売合戦の例は、最適値が相手の出方に左右されることを示している。

戦わないことの意義を説く戦略論――シェリングの教え

第一章で、ノーベル賞受賞者シェリングの「『勝利』という概念は、敵対する者との関係

ではなく、自分自身がもつ価値体系との関係で意味をもつ」との言葉を見た。

シェリングの素晴らしさは、戦うことを基本とする軍事部門に、戦わないことの意義を説く戦略論を持ち込んだことにある。シェリングの指摘をまとめると、次のようになる。

・多くの紛争は、本質的に「交渉」である。ある紛争当事者の目的の実現が、他の当事者の選択に大きく依存する。

・紛争行動を交渉過程としてとらえれば、対立と共通利益のどちらか一方にのみ関心を傾けてしまう危険を回避することができる。戦闘を交渉過程と考えることができるならば、紛争対立の側面に加えて、当事者双方にとって利益となる結果が存在することと、そして、そこにたどり着くことに共通利益が存在することを明確に理解できるようになる。

・従業者による「成功した」ストライキとは、雇用者に経済的な破綻をもたらすものではなく、ストライキ自体は実行されずに目的を果たすものであるかもしれない。同じことは戦争についても言うことができる。

・ゲームの理論では、各当事者の最適な行動は、他者がどう行動するかに依存している。

・脅し、そして脅しへの反応、報復、そして報復に対する報復、限定戦争、軍拡競争、瀬戸際外交、奇襲攻撃、信頼とあざむきは、頭に血がのぼった行動と見ることもできるし、冷徹な計算にもとづいた行動と見ることもできる。我々は「非合理性」とは何を意味するかを徹底的に検討しなければならない。

シェリングの言う「合理性」「非合理性」が、何を意味するかを理解することが、極めて重要である。

当面の敵、北朝鮮を例にとってみよう。日本の多くの人は、北朝鮮の行動に合理性がないと見る。ある日突然、核兵器搭載ミサイルが日本を襲う可能性があると感じている。

対北朝鮮戦略を考える際には、マクナマラの「外部環境の把握」が何よりも重要になる。北朝鮮が核兵器・ミサイル開発を行なう最大の理由は何か。それが「米国の核攻撃に対する抑止力の保持である」なら、それに合わせた戦略が構築できる。

第一章で、私は「悪の帝国」のソ連、「悪の枢軸」のイラク、イランに勤務し、一九九〇年代初頭、北朝鮮も訪れていると述べた。これらの国の指導者には「合理的判断」がないのでないかと言われていた。

しかし、彼らには彼らなりの「合理的判断」がある。それは政権維持、支配体制の維持である。政権維持、支配体制の維持は失えない。これが脅かされていると感じた時、それを失わないためならば、あらゆる手段をとる。「窮鼠《きゅうそ》猫を嚙む」である。今、北朝鮮は「窮鼠」である。**「窮鼠に嚙まれない」知恵、これが対北朝鮮戦略の要である。**

「相互確証破壊戦略」の誕生——割に合わなくなった戦争

核兵器の出現は、各国の戦略を一転させた。キッシンジャーの『核兵器と外交政策(Nuclear Weapons and Foreign Policy)』の説明が核心をついている。

「熱核兵器の保有が増大することによって、戦争があまりにも危険なものと言わないまでも、**少なくとも割の合わないものにさせる**一種の行き詰まり状態を作り出している。この新兵器の力は次のような暗黙の不可侵条約をもたらした。それはもはや、**戦争が考えられる政策追求の手段ではない、そして、それゆえ国際紛争の解決は外交の手段によってのみ為されるという見識である**」

核戦略の核心は「相互確証破壊戦略」である。

この「相互確証破壊戦略」の前提となるのは、互いに、相手を確実に破壊できるだけの量の核兵器を持っているということである。たとえば冷戦期、米国とソ連が、互いに相手国を確実に壊滅させられるだけの核兵器を保持している。

この状態の中、米国・ソ連とも最初に攻撃したら、相手を打ち負かせる。量・質の点で、どちらが比較優位にあるかは問題ではない。最初に攻撃した方が勝ちだ。大変に危険な状況である。ある日、ソ連が「米国を攻撃しよう」と思ったら、米国は完全に壊滅する。これをどう防ぐか。これが米国戦略家の最大の課題だった。

米国は、戦略ミサイル搭載の原子力潜水艦を海深く潜《もぐ》らせている。ソ連が米国本土を攻撃しても、この原子力潜水艦は生き残る。これがソ連に壊滅的な攻撃を行なう。したがって、ソ連は先に核攻撃を行なうことで米国を壊滅的に破壊できるが、同時に自国も報復攻撃をうけて、壊滅的な破壊を被る。

この状況下で、ソ連はどういう時に先に攻撃をするか。それは、米国がソ連に先に核攻撃すると思った時である。相手が先に核攻撃をすると思ったら、自分から先に核攻撃する。

しかし、もし米国が先制攻撃をしても、ソ連も同様に大量の核兵器を生き残らせることができて、依然として米国を完全破壊できる能力があるなら、米国は自国を完全に壊滅することにつながる政策はとらないだろうと確信できる。したがって先に核攻撃をする必要がない。

相互確証破壊戦略とは、双方とも、「相手国が先に攻撃してきても、依然としてお互いの国を完全破壊できる能力を持つ」ことで、先制攻撃を阻止する構想である。順を追って、考えてみたい。

第一ステップとして、ソ連が米国に対して、米国本土を完全破壊できるだけの先制攻撃を仕掛けたとする。この段階ではまだ、米国側は報復のための核兵器（たとえば原子力潜水艦に搭載）が温存されている。すると、その次の第二ステップとして、米国はソ連に報復攻撃を仕掛け、ソ連を完全に破壊することができる。

この状況を確保することにより、先制攻撃の誘惑を断つのである。

つまり、「相互に」「確実に」「相手国を破壊できること」を保証しあうことにより、互いに先制攻撃を避ける戦略である。逆に言えばこのことは、相手に、常に自国を完全に崩壊させる能力を認めることである。これは、人類の長い戦略の歴史の中で初めての構想である。

「ミサイル防衛構想」は有効か

もちろん、「相手に自国を完全に破壊できる能力があるのを認めることで安全を築く」という考えは簡単に支持されるものでない。逆に、「悪の帝国・ソ連に我が国をいつでも壊滅できる能力を保証するなんて、許されない」という考えは単純明快、極めて自然な発想である。

たとえば、「ソ連が核攻撃をしてきても、この核兵器を全部撃ち落とせばいいではないか」、これも自然な発想である。この考え方がミサイル防衛構想である。ソ連が撃ってくるミサイルを全部撃沈すればよい。そうすれば「自分が完全に壊滅する状況を作って安全を確保するよりはるかによい」という考えが出てくる。

レーガン大統領は一九八三年三月、「我々はソ連のミサイルの脅威に、防御的な手段で対抗するプログラムを開始する。アメリカの安全が、ソ連の攻撃に対する報復によって保たれるのではなく、戦略弾道ミサイルを、米国本土に達する前に迎撃し、破壊できると知った時に初めて、自由な国民は安楽に暮らせるのではないか?」とする戦略防衛構想（SDI）、俗称「スター・ウォーズ」構想をぶち上げた。

レーガン大統領の構想は一般受けする。誰もがこの構想が実現することを望む。しかし、少し考えてみれば、この構想が技術的、財政的に不可能であることはすぐわかる。

大陸間弾道弾は秒速二〜三キロメートルのスピードである。撃ち落とすためには飛行中に命中させなければならない。ミサイルの全長を二〇メートル程度として、一〇〇分の一秒の精度で一定地点に達しなければ命中しない。それも三次元での精度である。その撃墜は技術的に夢物語である。

さらに攻撃する側は、いくらでも対処が可能である。ミサイルから複数の弾頭を発射したり、囮《おとり》の弾頭を持ったり、ミサイル数を増やせばよい。ミサイル防衛システムは、攻撃ミサイルよりはるかに費用がかさむ。敵のミサイル数に見合う防衛システムの構築は、財政的にもたない。

マクナマラ国防長官はミサイル防衛システムの可能性を検討させたが、結局、実現は無理と判断した。ペリー元国防長官ら、多くの安全保障関係者はミサイル防衛システムを支持していない。そのため、米ソ対立の中で、「相手に自分の国を完全に破壊できるという保証を与える」ことで戦争を避けるという、まったく新しい戦略が中心となった。かつ、この戦略は冷戦終了後も依然、米国・ロシア間で継続している。

ちなみに、防衛大綱を見れば、ミサイル防衛は我が国の防衛の柱になっているが、米国以上に不可能だ。ミサイルは数分で飛んでくる。たとえば北朝鮮は、三〇〇程度のミサイルを実戦配備していると言われる。これらのミサイルの発射すらほとんど掌握できないのだから、弾道の軌道計算はまずできない。そんなものをどうして撃ち落とせるだろうか。第二次大戦中、マジノ・ラインを築いてドイツの攻撃を防げると思ったフランス以上に、不可能なものを可能であるとしている。不可能を基礎に防衛大綱を作るべきでない。

相互確証破壊戦略は、核兵器が出現してすぐに採用されたわけではない。米国がソ連に対して、核兵器の分野で圧倒的優位に立っていた時には、別の戦略が採用された。この過程を見ることは、米国が中国の核兵器にどう対応していくかを示している。

米国の核戦略の変遷

アメリカの核戦略の変遷については、久住忠男《くすみただお》著『核戦略入門』(原書房)が詳しい。これを基に整理すると、次のようにまとめられる。

(1) 大量報復戦略

一九五四年四月ダレス国務長官は「我々の選ぶ方法と場所において即座に反撃できる巨大な報復力に主たる重点を置く」と説明した。

この戦略は「いつどこからくるかわからない攻撃」に対して「世界の各地域で対抗できる

兵力を配備する」代わりに、「巨大な報復力」をもって反撃しようとする独創的戦略選択をした。この戦略思想は、抑止戦略として次の各種戦略の基礎になる。

（2）柔軟反応戦略

一九五九年春、テイラー陸軍大将は「起こるべきあらゆる挑戦に、挑戦の様相に対応した報復攻撃を持つべきだ」として、核抑止力を保有することに賛成しつつも、通常戦力でもバランスがとれるように近代化し、非核戦争でも共産陣営の侵略に十分対抗できる戦力を常備し、これを海外に展開しておくとする新戦略構想を発表した。テイラーは六一年、ケネディ大統領の軍事顧問に就任した。

（3）確証破壊戦略

マクナマラ国防長官は、一九六五年二月の国防報告の中で「もし敵が第一撃を仕掛けてきても、その敵に対して、耐えられないような大きな損害を与える反撃力を米国が保有していることをはっきり認識させ、米国に対する核攻撃を思いとどまらせる。この能力を確証破壊戦略と呼ぶ」と指摘した。あわせて、「ソ連の核戦力に対抗する時、我々がいかに大規模な部隊を整備しても、我が国民を完全に防御することは事実上不可能である」と指摘した。

マクナマラ国防長官が相互確証破壊戦略を確立する。こうして、核戦略は確立された。それは、歴史上多くあった戦略とまったく異質のものである。「勝つための戦略」から「戦わないための戦略」への転換である。


米国は報復力を持たない相手に核攻撃をするか

米国が「相互確証破壊戦略」を採用し、米国、ソ連が互いに核を使用しない戦略を生み出した。それは「核使用が報復を招き、結果として自分が破壊される」からである。

では、相手が核報復力を充分に持たない場合はどうなるか。

米国が通常戦で不利になった時、核兵器を使用して勝利したいとする誘惑は強い。核兵器を使用しない理由は、軍事的なものではない。軍事的には使用したい。しかし、広島・長崎の被害が大きく、二度とこの悲劇を繰り返すべきではないとの国際的世論が存在する。この世論が核兵器の使用を止めてきた。それでも米国は、朝鮮戦争、ベトナム戦争で核兵器の使用を検討している。

二〇〇六年十月十五日、ワシントンポストは、朝鮮戦争に関し下記の報道を行なった。

「一九五〇年、トルーマンは記者に対して（北朝鮮攻撃には）我々が持つすべての兵器を含むと発言した。三年後、もし北朝鮮が戦争を止めるのに真剣に交渉しないなら、我々は武器使用に関するあらゆる制限を排除する（つまり核兵器を使う）と述べた。米国側はこの脅しが効いて北朝鮮が休戦に応じたと判断し、以降、核（兵器の脅し）の外交は効果があると判断した」

米国の国家安全保障文書館（National Security Archive）は北朝鮮に関し、「ニクソン・ホワイトハウスは北ベトナムに対して核（攻撃）の選択を考慮（Nixon White House Considered Nuclear Options Against North Vietnam）」の文書を二〇〇六年七月に掲載した。

「昨年、ブッシュ・ホワイトハウスは、イランの核施設に対して核兵器攻撃の選択を真剣に検討している徴候をみせた。この動きに対して、報道機関、世論だけでなく、米国の司令部の上層は警戒をみせた。単なる脅しとみる者もいたが、従来の戦略の一環とみる者もいた。冷戦時代、米国の責任者はソ連の攻撃に対する抑止だけでなく、地域紛争における戦術核として、核外交（atomic diplomacy）で強制戦略の重要要素として、核兵器を使用可能にする道を模索してきた。最近公開された書類によれば、ニクソン大統領の最初の一年間、ホワイトハウスの補佐官達はベトナムにおいて核兵器を使用する是非を検討した。アイゼンハワー、ケネディ、ジョンソン政権の高級官僚や顧問も核兵器を使うことを検討してきた」

この文書は、キッシンジャー発ニクソン宛てメモも含んでいる。核兵器の使用がハイレベルで検討されていた。

こうした流れに対し、「米国は核の先制攻撃をすべきでない」と主張した人々も存在している。

ジョージ・ケナン元国務省政策企画部長（ソ連の封じ込めを柱とするアメリカの冷戦戦略の構築者）、マクナマラ元国防長官（相互確証破壊戦略の構築者）、バンディ元大統領補佐官（ケネディ・ジョンソン大統領時代）、スミス元SALT（戦略兵器制限交渉）米首席代表の四名が「フォーリン・アフェアーズ」誌一九八二年春季号の「核兵器と大西洋同盟」の中で「先制核不使用」政策を提言している。ケナン、マクナマラ、バンディ、スミスは各々米国政権の中で枢要な地位を占めてきた。

他方、「力の誇示」を基本とする米国防省は「核を使用する機会」をうかがっている。一九八二年の論文発表以降、ケナンらの考えが、米国戦略として公に受け入れられることはなかった。

ここに二〇〇八年オバマ大統領が誕生する。オバマはコロンビア大学時代、核軍縮に強い関心を持っていた。二〇一〇年、米国防省は「核態勢の見直し（NPR）」を発表し、この中で、「米国はNPT（核拡散防止条約）加盟国で核不拡散義務を遵守している非核兵器国家に核兵器を使わず、使うと脅すこともしない」と宣言し、従来の核戦略を大きく変更した。この政策の採用までには、米国政権内で激しい論争があった。

米国が「NPT加盟国で核不拡散義務を遵守している非核兵器国家に核兵器を使わない」と発表した意義は大きい。これまで、非核保有国の中には「核保有国は我々、非核保有国に核攻撃をする可能性がある。それを抑止するには独自の核兵器しかない」という論理が存在していたからである。

しかし、この発表で情勢は大きく変わる。かつ、それは中東情勢にも影響を与える。米国がNPT加盟国に核兵器で攻撃しないとなれば、イスラエルも使用が困難になる。イスラエルが強硬路線を持つ最後の拠《よ》り所は、中東の非核保有国に核攻撃ができるという保障である。核兵器の使用が難しくなれば、強硬路線の継続は難しい。

過去、米国軍部は戦術核の使用を模索してきた。オバマ大統領の提言には反対である。したがって、この政策が米国内で定着するかは不明だ。それだけに、この動きを国際的に定着させるよう努力する必要がある。非核保有国日本は、オバマ大統領の動きを積極的に支持すべきである。核兵器の使用を減少する動きに、積極的に関与していくべきである。しかし、日本政府の動きは鈍い。

経営戦略論の発達

「経営戦略」(strategic management) は一九五〇年代、六〇年代に論として成熟した。

ポーター・ハーバード大学教授は『競争の戦略』の中で、**他者に打ち勝つ戦略は、**

(1) コストのリーダーシップ (同業者よりも低コストを実現する)

(2) 差別化 (業界の中でも特異だとみられるなにかを創造する。製品設計やイメージの差別化、テクノロジーの差別化、顧客サービスの差別化、製品特徴の差別化、ディーラーネットワークの差

別化など）

（3）集中（特定の買い手グループ、製品の種類、特定の地域市場など企業の資源を集中）

のいずれかを採用する必要がある。そして、戦略策定には、競争者の綿密な分析が必要である。企業が依存しあっているところに、企業間競争の特性がある。したがって、戦略が成功するには、自社の動きに対して競争相手がまともに対応するように仕向ける必要がある、と記述している。

日本の起業者が、いかに成功してきたかを述べる時がある。成功した企業が、ポーター教授の本を読んだわけではないだろう。しかし、結果として、ポーター教授の原則が実践されている場合が多い。コストのリーダーシップでは、低料金を掲げる外食産業がある。差別化では、ユニクロやかつてのソニー、ホンダである。この戦略は、企業や経営者が長年の経験を踏まえて採用しているものである。

理論をなぜ学ぶか。経営者としては、経営を実験の場にするわけにいかない。経営は必勝せざるを得ない場である。「経営戦略」を学ぶのは、他人が行なった実験の結果を学ぶことである。

経営戦略論の確立には、ハーバード大学ビジネス・スクールが大きな貢献をしてきた。マクナマラ元国防長官は、ここと密接な関係を持っていた。今日、経営戦略論はさまざまな力点、流派を持つが、マクナマラのシステム的経営戦略が源流である場合が多い。

今一度、マクナマラのシステム（67ページ図）を見てほしい。

このマクナマラの経営システムを念頭に置きつつ、経営戦略論の流れを見てみると、大きく次の三つに分かれる。

（1）デザイン学派（design school）

この流れは、外的環境の把握、内部の評価から戦略の創造を重視する。外部環境の変化に関しては社会的変化（顧客の嗜好変化、人口動態）、政治的変化（法的枠組みの変化）、経済的変化（金利、為替レート、個人所得の変化）、競争状況の変化、サプライヤーの変化、マーケットの変化などがある。

（2）プランニング学派（planning school）

ＳＷＯＴ分析（力—Strength、弱さ—Weakness、機会—Opportunities、脅威—Threats）を利用し、目標、予算、プログラムに関する運用プランに落とし込む。

（3）ポジショニング学派（positioning school）

企業経営において、コストのリーダーシップ、差別化、集中のどの位置をとるのか、その各々の立ち位置によって戦略を考える。

三番目のポジショニング（positioning）では、米GE社が採用したことでも有名な、プロダクト・ポートフォリオマネジメント（Product Portfolio Management＝PPM）がある。PPMとは、企業の事業を、市場成長率とマーケットシェアを軸に、花形企業（star）、問題児（problem child）、金のなる木（cash cow）、負け犬（dogs）のどこに位置するかを見極め、各々の戦略を考えるものである。

さらに、経営戦略では顧客獲得戦略、知的財産戦略、IT戦略、技術戦略等分野別の戦略が提示されることがある。これは、マクナマラ戦略の中の「任務別計画提案」の中に入る。こうした各学派（school）の考えを見ると、力点がどこにあるかは別として、マクナマラの戦略のシステム化の流れの中にあることがわかる。

歴史的に見ると、二〇世紀半ばまで戦略といえば軍事戦略であった。しかし、二〇世紀半ば、軍事と経営の双方で活躍したマクナマラが一つの媒体となり、軍事戦略が経営戦略に転用された。ここから経営戦略がどんどん進化した。実は今、軍事戦略は経営戦略から学ぶ時期にきている。

私は第一章で、戦略を「人、組織が死活的に重要だと思うことにおいて、目標を明確に認識する。そして、その実現の道筋を考える。かつ、相手の動きに応じ、自分に最適な道を選択する手段」と定義した。この基本は軍事戦略であれ、経営戦略であれ同じである。

二〇世紀後半、著名大学のビジネス・スクールで、「実現の道筋を考える」部門が急速に発展した。他方、軍事面では冷戦以降、米国が圧倒的な力を持った。世界中がこの米国の力にひれ伏す状況が続いた。その影響で、軍事戦略の進化は立ち止まったままである。

したがって、今日軍事戦略を学ぶ者は二〇世紀に進化した経営戦略を学ぶことで得るところが多い。軍事戦略を学ぶ時、クラウゼヴィッツの『戦争論』で足りるとするなら、知的怠慢である。経営戦略論を学ばねばならない。

第四章　戦略論の古典から学ぶ

第二次大戦後再評価される孫子

第二次大戦後、孫子が再評価されている。一つは中国で、今一つは米国である。中国では、安全保障を語る時、孫子がしばしば引用される。たとえば、国防大学戦略研究所所長楊毅《ヤン・イー》も孫子を引用している。

「人民網日本語版」二〇〇七年一月八日掲載の、〝戦闘機「殲—10」開発をめぐる反応と中国の軍事戦略〟では、「われわれの積極的で防御的な軍事戦略は、孫子の〝慎戦〟〝礼戦〟の思想に従っている」と記述している（注・慎戦は戦いを慎むこと）。

中国語では、「今日出版的《人民日報海外版》刊載国防大学戦略研究所所長楊毅的文章称、中国積極防御的軍事戦略就是遵従孫子〝慎戦〟、〝礼戦〟的思想」である。楊毅は孫子を学び、〝慎戦〟を主張した。私は、中国が孫子を学ぶ限り、愚行は避けると思う。

孫子と米国安全保障政策との関係はどうか。一見、突飛な問いのようであるが、意義のある問いである。

ステファン・ウォルツはハーバード大学ケネディ・スクール学長だったリベラル派の旗手である。二〇〇九年十月二十二日「Foreign Policy」誌に「胡錦濤《こきんとう》の心を読む（Reading Hu Jintao's mind)」という皮肉たっぷりの論評を書いた。

「(胡錦濤になったつもりで――) 米国が〝世界の指導者〟の地位に固執し、出費を続ければ続けるほど、我々中国が世界一の座に就くのが早くなる。唯一の懸念は米国が正気に戻ることだ。この点、私はあまり心配していない。ひょっとすると米国は〝兵久しくして(戦争が長びいて)国の利する者は、未だこれ有らざるなり〟という孫子の教えを学ぶかもしれない。でも今、米国内の議論を見ると、民主党も共和党も世界中へ介入することに夢中である。(米国が正気に戻る) 危険は少ない。(米国の凋落は不可避で) 我々中国の未来は明るい」

ステファン・ウォルツは、米国のアフガニスタン戦争継続に反対である。「孫子を学べば、この愚かな戦争を止められるのに」と嘆いている。

本書の第一章で、サミュエルズ教授 (元MIT政治学部長) がトゥキュディデスの『戦史』、『孫子』、マキャヴェリの『君主論』を学ぶべき古典として列挙したのを見た。さらに、仏ボーフル将軍や、ノーベル経済学賞受賞者のシェリングも、孫子の影響を受けていることを見た。

孫子は今日、どれくらいの意義をもっているか。リ・シェン・アーサー・コー (Li-sheng Arthur Kuo) は米国陸軍大学 (U.S. Army War College) で「二十一世紀における孫子戦略論 (Sun Tzu's War Theory in the Twenty First Century)」を発表し、孫子の影響力を次のように記している。

「孫子は一七八二年、仏イエズス会員アミオが訳し、多分ナポレオンや湾岸戦争の作戦者たちに影響を与えた。毛沢東、ヴォー・グエン・ザップ（ベトナム戦争時の北ベトナム軍総司令官）、マッカーサー元帥（GHQ総司令官）、パウエル（米軍参謀総長、国務長官等歴任）らは、孫子から示唆を得たと述べている。英国の偉大な戦略家リデル・ハートは、孫子を戦争遂行で最も集中された知恵の本質を持つと見なしている」

このように、リデル・ハートも「孫子を戦争遂行で最も集中された知恵の本質」と評したが、本当にそうか、検証してみたい。

孫子の現代性とは――マクナマラ戦略との共通点

第三章で、マクナマラの戦略システムを見た。マクナマラは見事な戦略システムを構築した。二〇世紀、米国の「神童」が作り上げたシステムである。その要点は、戦略を考える上で、考察に必要な要素を「外部環境の把握」「自己の能力・状況の把握」「課題（組織生き残りの問題設定）」「情勢判断（敵との比較）」「戦略比較、戦略形成」「任務別計画設定」と設定したことにある。

では、孫子の語っていることを、これらの観点から分析するとどうなるか（以下現代語訳は金谷《かなや》治《おさむ》訳注岩波文庫を参照）。

（1）外部環境の把握

敵の情を知らざる者は、不仁の至りなり。人の将に非《あら》ざるなり。主の佐（君主の補佐）に非ざるなり。勝の主に非ざるなり。故《ゆえ》に明主賢将の動きて人に勝ち、成功の衆に出《い》ずる所以《ゆえん》の（人なみはずれた成功を収める）者は、先知なり。

（2）自己の能力・状況の把握

彼れを知りて己《おの》れを知れば、百戦して殆《あや》うからず。彼れを知らずして己れを知れば、一勝一負す（勝ったり負けたりする）。彼れを知らず己れを知らざれば、戦う毎《ごと》に必らず殆うし。

（3）課題（組織生き残りの問題設定）

用兵の法は、国を全《まっと》うする（傷つけずに降伏させる）を上と為し、国を破るはこれに次ぐ。軍を全うするを上となし、軍を破るはこれに次ぐ。（中略）是《こ》の故に百戦百勝は善の善なる者に非ざるなり。戦わずして人の兵を屈するは善の善なる者なり。

(4) 情勢判断(敵との比較)

十なれば(味方の軍が十倍であれば)則《すなわ》ちこれを囲み、五なれば則ちこれを攻め、倍すれば則ちこれを分かち、敵すれば則ちよくこれと戦い、少なければ則ちよくこれを逃れ、若《し》からざれば(力が及ばなければ)則ち能《よ》くこれを避く。

(5) 戦略比較、戦略形成

・利にして(敵が利益を欲しがっている時は)これを誘い、乱にしてこれを取り、実にして(敵の戦力が充実している時は)これに備え、強にしてこれを避け、怒にしてこれを撓《みだ》し(敵が怒っている時は挑発して敵の態勢を乱す)、卑にしてこれを驕《おご》らせ(敵が謙虚な時は驕りたかぶらせる)、佚《いつ》にしてこれを労し(敵が安楽である時は疲労させる)、親にしてこれを離す(敵が親しみあっている時は分裂させる)。

・兵久しくして国の利する者は、未《いま》だこれ有らざるなり。

・故に上兵は謀を伐つ。其の次ぎは交を伐つ。その次は兵を伐つ。その下は城を攻む。

攻城の法は、已《や》むを得ざるが為めなり。

・故に勝を知るに五あり。戦うべきと戦うべからざるとを知る者は勝つ。衆寡《しゅうか》（少ない人数）の用を識《し》る者は勝つ。上下の欲を同じうする者は勝つ。虞《ぐ》（万全の対応策）を以《もっ》て不虞を待つ者は勝つ。将の能にして君の御《ぎょ》せざる（将が有能で、君主が口出ししない）者は勝つ。

・利に非ざれば動かず、得るに非ざれば（軍を）用いず、危うきに非ざれば戦わず。

（6）任務別計画設定

・用を国に取り（軍需品は自国のを使い）、糧（食料）を敵に因《よ》る。

・国の師に貧なる（国が軍隊のために貧しくなるの）は、遠き者に遠く輸《いた》せばなり（遠征軍に食糧を運ぶからだ）。

・兵法は、一に曰《い》わく度《たく》（戦場の広さや距離）、二に曰わく量（投入すべき物量）、三に曰わく数（動員すべき兵数）、四に曰わく称（敵味方の能力）、五に曰わく勝。地は度を生じ、度は量を生じ、量は数を生じ、数は称を生じ、称は勝を生ず。

このように見ると、孫子はマクナマラの戦略システムのすべてに言及していることがわかる。

「(1) 外部環境の把握」では、相手の情報を入手できない時には勝利を勝ち取れないとした。

「(2) 自己の能力・状況の把握」では、自己と相手を充分に把握できなければ戦いに負けるとした。

「(3) 組織生き残りの問題設定」では、戦争に勝つことだけがすべてではない、むしろ戦争を行なわないで勝利を収めることこそ重要とした。「戦争を行なわないことに勝利を見る」、名戦略家の姿勢である。

二〇世紀の英国戦略家リデル・ハートは「戦略の完成とは激烈な戦闘なしで決着をつけることである」としている。

紀元前二八〇年頃、イタリア南部の都市国家タレントゥムがローマ軍と戦い、タレントゥムの将軍ピュロスは、次々とローマ軍を撃破していった。これを賛辞した兵士に対しピュロスは、「もう一度ローマ軍に勝利するという事態がきたら、その時は逆に、(兵士、資金が続かず) 我々は壊滅してしまうだろう」と言った。

戦争の勝利が、国家の勝利をもたらすものではない。このことから、払った犠牲と勝利して得たものが釣り合わないことを「ピュロスの勝利（Pyrrhic victory）」と呼ぶ。

この考えも孫子につながる。日本では、日露戦争は高く評価されているが、総経費一八億二六二九万円（総務庁「日本長期統計総覧」）、日露戦争開戦前年の一九〇三年（明治三十六年）の一般会計歳入は二・六億円（財務省資料）である。

日露戦争がその後、日本の財政に重い負担になり、その克服に難儀を重ねていくことを見れば、日露戦争もまた、「ピュロスの勝利」である。安全保障戦略を論ずる時、その戦いが「ピュロスの勝利」にならないかを考察することが、極めて重要である。

「(4) 情勢判断」では、孫子は「十なれば則ちこれを囲み、五なれば則ちこれを攻め、倍すれば則ちこれを分かち」と記述した。私は戦略を「相手の動きに応じ、自分に最適な道を選択する手段」と定義したが、孫子はまさに相手の動きに応じ、「最適な道」を変化させている。

「(5) 戦略比較、戦略形成」においては、最上の策は、相手の考えを察知し、これを破ることである。次は、同盟をなくすることである。最下位にあるのが相手の城を攻めることであると、なすべき戦略の優先順位をつけている。

こうした孫子の考え方は、「マクナマラの戦略システムに魂を入れている」と言える。孫子は今後も戦略の最高傑作として扱われていくに違いない。

インドの古典『実利論』――隣国に対処する多様な道

日本は安全保障上、いかなる選択肢を持つか。まず、この問いに対する自分の答えを用意していただきたい。その上で次の問いを見てほしい。

「ある時、フクロウの集団がカラスの集団を襲いました。このとき、カラスの王様は何人かの大臣を集め、どう対応するか意見を聞きました。あなたが大臣だったら、どのような提言を王様にしますか」

すでに何度か述べてきたことであるが、私は一九九九年から二〇〇二年まで、駐イラン大使を務めていた。ここでイランの童話を読んでいた。この中に、フクロウの集団とカラスの集団の戦争の話がある。この問いはその中に出てくるものである。童話は次のように続く。

「各大臣はさまざまの提言を行なった。戦う、一時移動する、交渉する、他の鳥の援軍を求める、防御を固める。そして最後に首相が次の進言をした。

〝私を傷つけて放り出せ。恨みがある。自分は敵に駆け込み、『自分は和平を主張したため、味方から痛めつけられた。カラスをどう攻撃するか助言する』と言って、敵に自分を受け入れさせる。相手側に受け入れられている間に、敵の弱点を探り、それを知らせる。王様はそれに従い攻撃してください〟」（筆者訳）

最後の助言は、ヘロドトスの『歴史』に記載されている、ペルシア軍によるバビロン城攻略時のゾピュロスの助言と同じである。

私はこの童話を見て驚いた。安全保障を考えるのに必要な要素が、ほとんどすべて入っている。これだけの選択を視野に入れ、安全保障を論じられる人はそういない。

ある人は「援軍」を強調する（日米同盟）。ある人は「防御を固める」を強調する（日本の防衛大綱にみられる基盤的防衛力構想）。日本で「謀略」を展開する人は稀であるが、米英の歴史を見ると、安全保障に謀略はしばしば登場する。

これらすべてを俯瞰《ふかん》し、その時々で最も有力な策をとる。私は「それをイランの童話がしている」と感激して述べていたら、イラン専門家の岡田恵美子《おかだえみこ》さんから「その原典はインドである、これがイランに伝わった」とのお手紙を戴いた。

これに刺激をうけ、インド古代の戦略を調べてみた。インドの古典に『実利論』（アルタ・シャーストラ、成立時期は紀元前四世紀頃とされる）がある。

マックス・ウェーバー著『職業としての政治』（岩波文庫）は『実利論』を、「これに比べれば、マキャヴェッリの『君主論』などたわいのないもの」と記している。『実利論』は膨大である。『実利論』にある「隣国を扱う七つの方法」（Seven Ways to Greet a Neighbor、米国「Asia Society」ウェブページ掲載）を紹介したい。

（1）サマン（Saman）……融和、甘い言葉、懐柔的行動、不可侵条約
（2）ダンダ（Danda）……軍事力、懲罰、暴力、武装攻撃
（3）ダナ（Dana）……賄賂、贈り物
（4）べヘーダ（Bheda）……反乱分子支援、裏切り、反逆
（5）マヤ（Maya）……欺瞞、幻想
（6）ウペクサ（Upeksa）……無視

（7）インドラジャラ（Indrajala）……軍事的欺瞞

『実利論』はさらに、次の議論を展開している。

・六計とは和平、戦争、静止、進軍、依投《いとう》（他に庇護《ひご》を求めること）、二重政策（和平と戦争を臨機応変に採用すること）である

・**敵より劣勢の場合には和平を結ぶべきである。**優勢の場合には戦争すべきである。能力に欠けている場合には戦争以外にすべきである。能力が劣る場合には依投すべきである

・和平にたてば大きな成果をもたらす。自己の事業により、敵の事業を滅ぼすことができる

・**優れた力を有する者と結合することは、彼が敵と戦っている時を除き、非常に悪いことである**

・二大強国の間に位置する場合、自分が彼に好かれている者と彼が自分に好まれている者のうち、どちらの庇護《ひご》を求めるべきか。自分が彼に好かれている者のところに行く

べきである

『実利論』は戦争、戦闘の行ない方、情報分野におけるスパイの扱い方などにも言及し、戦術、戦略を網羅した本である。「敵より劣勢の場合には和平を結ぶべきである」「和平にたてば大きな成果をもたらす。自己の事業により、敵の事業を滅ぼすことができる」などの考えは、すでに見てきたフランス戦略家ボーフルの言やシェリングの論に共通した部分がある。

クラウゼヴィッツの『戦争論』と米国の「戦争原則」

クラウゼヴィッツの『戦争論』は、近現代の戦争遂行上、最も大きな影響を与えた戦略論である。今日でも、世界の士官学校で『戦争論』を教えない所はないだろう。『戦争論』には次の主張がある。

・戦争とは、相手にわが意志を強要するための力の行使である
・この目的を確実に実施するために、敵を無力化しなければならない。これが軍事行動の本来の目的である

・戦争は政治的行為であるばかりではなく、本来、政策のための手段であり、政治交渉の継続である
・いかなる者も戦争によって何を達成したいか、どう戦争を遂行するかの考えなしに戦争を開始してはならない

クラウゼヴィッツと共にドイツの戦略に多大の影響を与えた戦略家に、モルトケ（プロイセンの参謀総長）がいる。モルトケは次の指摘をした。

・敵国政府のあらゆる戦力の根源すなわち経済力、運輸通信手段、食料資源、さらには国家の威信すらも奪取しなければならない
・現代の戦争は全人民を動員する
・いかなる同盟であれ、同盟国の利害はある程度でしか一致をみない

クラウゼヴィッツ、モルトケは日本にも多大な影響を与えた。日本クラウゼヴィッツ学会ウェブページに掲載の「日本の軍事制度と軍事思想に対するクラウゼヴィッツの影響」は次

の記述をしている。

・川上操六《そうろく》（参謀総長）はドイツ参謀本部で実際の勤務を行ない、大モルトケの指導を得た

・一九八三年の陸軍大学校の開校も、大モルトケの幕僚養成方法を学んだものである

・一八九九年、森鷗外はベルリンで、『戦争論』の講義を早川大尉に行なった。そして完訳され軍部内で刊行された

このように、クラウゼヴィッツ、モルトケは旧日本陸軍戦略の中心を占めていた。さらに、クラウゼヴィッツ、モルトケの影響は今日も現役の理念として生きている。米陸軍は一九二一年以降、士官養成のための九カ条の「戦争（遂行）原則（Principles of War and Operations）」を持つ。

（1）目的……明確に設定され、決定的かつ達成可能な目的に対するすべての軍事作戦。戦争の究極の目的は敵の戦う能力と意志の壊滅である

(2)攻撃……攻撃は目的達成の最も効果的かつ決定的手段である
(3)集中……決定的場所・時間に力を集結
(4)力の経済性……効率よく運用
(5)演習・行動……敵を不利な状況に置く
(6)指揮の統一……信頼できる指揮官の命令の下、一体となって動け
(7)安全……敵を優位な立場にたたせるな
(8)奇襲……敵の予期しない所を攻撃
(9)簡明さ……計画命令の簡明さ

米陸軍「戦争（遂行）原則」第一条「戦争の究極の目的は敵の戦う能力と意志の壊滅である」は、クラウゼヴィッツの『戦争論』である。

米国は、核理論では、「いかにして勝つか」の理論から「いかにして戦争を避けるか」に移行した。他方、相手の報復力が強くない時には、クラウゼヴィッツの『戦争論』のまま、「戦争の究極の目的は敵の戦う能力と意志の壊滅である」という思想で戦う。

この考えで米国はベトナム戦争を戦い、結局、撤退せざるをえなかった。イラク戦争でも

同じ思想で戦った。そして大量の被害者を出し、撤退を余儀なくされた。次いで今、アフガニスタン戦争を戦っている。しかしこの目的――「敵の戦う能力と意志の壊滅」――は、無償では達成できない。味方に被害がでる。そのため、しばしば軍事行動の費用対効果のバランスがとれない。

ワインバーガー元国防長官（一九一七―二〇〇六）は、クラウゼヴィッツの「戦争は政治的行為であるばかりではなく、本来、政策のための手段であり、政治交渉の継続である」の部分に着目した。ベトナム戦争の失敗を教訓に、一九八四年「ワインバーガー・ドクトリン」と称されるものを作った。その内容は次のようなものである。

（1）米国、同盟国の国益に致命的に重要でない限り、戦闘すべきでない

（2）軍を動かすのは明確に勝算がある時に限るべきである

（3）明確な軍事・政治上の目的があり、かつ実現できる能力があって初めて軍を動かすべきである

（4）われわれの目的と軍隊の規模等の調整を、絶えず行なわなければならない。戦いの過程で条件や目的は必ず変わる。常に国益に照らし、戦うことが必要かを問わ

ねばならない。イエスなら勝たねばならない。ノーなら戦いに加わるべきでない
（5）議会の支持が得られるという合理的確証がなければならない
（6）戦闘への介入は最後の手段とすべきである

ワインバーガー・ドクトリンはベトナム戦争の教訓を活かし、米国戦略を合理的なものにした。コリン・パウエル元参謀総長がこの戦略を引き継いだ。しかし、冷戦終了後、米国の圧倒的な軍事力を背景に、強硬路線が復活した。

ブッシュ（子）大統領時代のアフガニスタン戦争、イラク戦争は「米国、同盟国の国益に致命的に重要でない限り、戦闘すべきでない」「軍を動かすのは明確に勝算がある時に限るべきである」などを説くワインバーガー・ドクトリンとは異なる理念で戦われた。そして苦境の中にある。米国凋落の起点とすらなっている。

我々の周りを見渡せば、英知がある。戦略を学ぶことは英知に接することである。しかし、我々は不思議とこの英知に目配りできず、愚行を繰り返している。

第五章

歴史から学ぶ戦略的思考

なぜ歴史を学ぶのか

英国オックスフォード大学は、英語圏で現存最古の大学である。卒業生中、ノーベル賞受賞者は、化学一〇名、経済学九名、文学五名、生理学・医学一四名、平和五名、物理学五名を輩出している。その中で、最も伝統ある学部が歴史学部である。今日、歴史に一〇〇名の教師陣を揃えている。学部生一五〇〇名、大学院生五〇〇名というすごい規模である。

米国においても、イエール大学はハーバード、プリンストンと並ぶ名門で、ノーベル賞受賞者は一七名、大統領にブッシュ親子、クリントン、フォードらを出した。ここでも歴史学部は権威ある学部である。学生の一五〜二〇%が歴史を専攻している。米国全体で、毎年約一〇〇〇名の博士課程修了者を出している。

なぜ、欧米でこんなに多くの者が歴史を学ぶのか? 日本の著名大学では歴史学部にこんな権威と影響力はない。その問いを考えるために、米国歴史協会(American Historical Association)ウェブサイト掲載のスターン(Stern)論文「なぜ歴史を学ぶか(Why Study History?)」を見てみたい。スターンは次のように言う。

・歴史は人間や社会がどう動くかを示す倉庫である

・歴史なくして、平和時に戦争をどうして理解できるだろうか
・人間の行動を実験するわけにいかない。歴史こそ実験室といえる。歴史だけが人間、社会の行動の広範な証拠を提供してくれる
・歴史教育を通じて、証拠を評価する能力、異なる解釈を評価する能力、変革を把握する能力が鍛えられる

スターン論文は「なぜ歴史を学ぶか」を明確に示している。「証拠を評価する能力」、「異なる解釈を評価する能力」、「変革を把握する能力」の育成である。法律、実務、いかなる職業を選択するにせよ、この能力は常に求められる。学生は歴史学部でこの能力を身につけ、ロー・スクールやビジネス・スクールに進む。

E・H・カー（一八九二―一九八二）は、第一次大戦、第二次大戦間の歴史『危機の二十年』の著者として著名な歴史学者である。彼の書『歴史とは何か』（岩波新書）に次の記述がある。

「歴史とは歴史家と事実との間の相互作用の不断の過程であり、現在と過去との間の尽

きることを知らぬ対話なのであります」

「歴史の研究は原因の研究なのですから。（中略）歴史家というのは、『なぜ』と問い続けるもので、解答を得る見込みがある限り、彼は休むことが出来ないのです。偉大な歴史家――というより、もっと広く、偉大な思想家、と申すべきでしょう――とは、新しい事柄について、また、新しい文脈において、「なぜ」という問題を提出するものなのであります」

このカーの文章は「なぜ歴史を学ぶのか」という問いに、端的に答えるものである。

トゥキュディデス『戦史』から何を学ぶか――ジョセフ・ナイの教え

英国人や米国人は、歴史をどのようにして学ぶのか。この点の理解が極めて重要である。第一章で『日本防衛の大戦略』の著者サミュエルズ教授がトゥキュディデスの『戦史』を激賞しているのを見た。『戦史』は、アテネの興隆と衰退、ペロポネソス戦争（紀元前四三一～紀元前四〇四年、全古代ギリシアを巻き込んだスパルタとアテネの戦い）の経過を記録したものである。史実が連ねられた長編であり、読破には大変な忍耐力がいる。我々日本人がトゥキュディデスの『戦史』を読んで、「すごい本を読んだ」と思うかといえば、九〇%以上の人は思えないだろう。私も思わなかった。

『戦史』は、スターン論文のいう「歴史の実験室」である。多くの材料が揃っている。ただ、素人は化学実験室の薬品を見ても、それがどういう効果を持っているかわからない。歴史の勉強も同じである。歴史に考える材料が詰まっていても、料理の仕方がわからない。読み解く指南が必要である。

トゥキュディデスの『戦史』を材料に、歴史に向かう姿勢について言及したい。

まずは、ジョセフ・ナイ教授である。ジョセフ・ナイはハーバード大学教授で行政・政治学大学院であるケネディ・スクールの学長を務めた。国務次官補、国家情報会議議長、国防次官補などの要職についてきた。彼は著書『国際紛争』で、トゥキュディデスの『戦史』について次の質問を掲げている。

「ペロポネソス戦争は不可避であったのか？　もしそうなら、なぜ、そしていつそうなったのか？　もし不可避でなかったなら、どのようにして、そしていつ防ぎえたかもしれないのか？」

こうした問いを持ち、その問いに対する証拠を探し、結論を出す。そして、その証拠が結論を出すのに充分かを検証する。これが欧米の歴史教育の要《かなめ》だ。ナイ教授の問いは歴史教育の軸である。

次は、一九七〇年代のオックスフォード大学の期末試験問題である。

「一九五〇年代、冷戦が終結する可能性があったか否かを論じよ」

私たち日本人も、米ソを中心とする冷戦を見てきた。しかし、「一九五〇年代に冷戦が終結する可能性があったか否か、あったとすればどういう時か」という問いを持って冷戦を見ていた人はまずいないだろう。しかし、英国の大学生はこの問いに答えることが求められる。これが歴史教育である。歴史で事実を知るのではない。考察の仕方を学ぶのである。

アテネは最終的にスパルタに滅ぼされる。ナイ教授は著書『国際紛争』で、トゥキュディデスの『戦史』について、さらにいくつかの問いを設定している。

「(アテネはいくつかの行動の結果滅亡に向かうが) アテネには選択の余地はなかったのであろうか?」

「先見性さえあれば、アテネはこの破局を避けることはできたのであろうか？」
「（かつてアテネの代表は戦争が長引くほど事態は偶然に左右されるとスパルタ人に言っていたが）なぜアテネ人は、自らの助言を自ら受け入れなかったのであろうか？」
「アテネは、ペロポネソス勢に協力してケルキュラの要請を蹴るべきだったのだろうか？（注・アテネはコリントに攻撃される同盟国ケルキュラを助けるために行動し、結果として意図した以上の戦闘に巻き込まれていく）」

こうした問いを出しながら、考察を進めていく。

さらにナイ教授は「トゥキュディデスは戦争の原因はアテネの力の増大であり、それがスパルタに与える脅威である」としているが、本当にそうであろうかと問う。そして双方の戦争が不可避だという認識が双方の戦争準備を高めたとした上で、次の記述をしている。

「中国との紛争は不可避だという信念は、（ペロポネソスとの戦争が不可避だという考えが逆に戦争を不可避の方に追い込んでいったのと）同様の自己実現的効果を持ちうる」

ナイ教授は、トゥキュディデスの『戦史』を学び、米国の対中政策の有りようを考察している。これが歴史を学ぶ効用である。ナイ教授の記述を考察してみたい。

敵を特定し、敵に備えることを想定しよう。敵はこちらの備えに対し、新たな備えをする。中国の経済力は二〇二〇年から三〇年には日本の四倍になることが想定される。現在、中国はGNPの八％程度を軍事費に支出している。恐らく、このペースを守っていくだろう。

もし、日本が中国と同等の軍事支出を確保したいとすれば、二〇二〇年、三〇年代には日本はGNP比三〇％を軍事費に割く必要がある。米国のナイ教授ですら、米中がスパイラルで軍拡をする危険性を察知している。ソ連は米国との軍拡競争に突入して、結局崩壊した。

歴史は実験室と結論を提供する。歴史を学べるか否かは、国の方向を大きく左右するのである。

戦略家は歴史をどう見るか

先に見た、スターン論文（Why Study History?）で彼は、「歴史は人間や社会がどう動くかを示す倉庫である」「歴史なくして、平和時に戦争をどうして理解できるのか」「人間の行動を実験するわけにいかない。歴史こそ実験室といえる。歴史だけが人間、社会の行動の広範な証拠を提供してくれる」と主張した。戦略家と言われる人々は、通常歴史の権威でもある。

日本においても、戦略を考える人間は歴史に戦略を学ぶ。前述の伊藤憲一氏は、カルタゴの滅亡を教訓に日本の軍事力の必要性を説いた。伊藤氏は『国家と戦略』（中央公論社）で「大戦略の不在というものが、ひとつの民族をこの地上から絶滅させてしまった例」として、次のように記述している。

「（紀元前三世紀から二世紀の約百年の戦争によってカルタゴはローマに征服されたが）カルタゴはあらゆる意味でそのライバルであったローマとは対照的であって、農業国・大陸国・市民皆兵国であったローマに対して、商業国・海洋国・傭兵国であった。そしてなによりも挙国一致で国難に当たる自己犠牲の精神をもっていたローマ人に対して、カルタゴ人は国益よりも私益を重んじ、何事も金銭の力で解決可能と信ずる気風をもっていた国民であった。（中略）ここにひとつの教訓として学ぶべき他山の石があるように私には思えてならないのである」

伊藤氏は、カルタゴと日本との類似性に着目している。ここから、彼は戦略を学び、戦略に関する多くの本を出版した。

歴史は戦略の構築に大きい影響を与える。トゥキュディデスの『戦史』は冷戦期の戦略構築に重要な役割をはたした。

トゥキュディデスと西側戦略との関係を『米陸軍大学国家戦略問題へのガイド（U.S. Army War College Guide to National Security Issues Vol.1）』の中に掲載されているクレグ・ネション（R. Craig Nation）著「トゥキュディデスと現代戦略（Thucydides and Contemporary Strategy）」に見てみたい（要約）。

・米国の戦争を行なう上で、トゥキュディデスは何らかの形で引用されてきた

・特に、現代のアメリカ戦略思想に明確に現われている。一九四七年、マーシャル国務長官は、冷戦を理解するためにトゥキュディデスに触れ、「ペロポネソス戦争とアテネの凋落を知らない者が、今日の問題を充分な英知と信念で考えられるか疑わしい」と述べた

・パウエル（元国務長官）は参謀総長離任演説でトゥキュディデスを「最も感銘を与えた作品」と述べた
・ターナー（元CIA長官）が海軍大学教官であった時に、トゥキュディデスを教科の中心に据えた
・ジョセフ・ナイは、トゥキュディデスを現実主義者（realist）の父と呼んだ
・マーシャルは、アテネとスパルタの戦いは民主主義と全体主義の戦いであり、冷戦の二極構造の原型とみなした
・トゥキュディデスは戦略的洞察力を提供する

また、アレクサンダー・ケモス（Alexander Kemos・ハーバード大学）は論文「現代世界におけるトゥキュディデスの影響力（The Influence of Thucydides in the Modern World）」の中で、次のように説明した。

・一九四五年以降学者の現実主義派（realist）及び、彼らを通じての米国外交への影響は直接的である。冷戦時の二極構造下の戦いについての米国外交の基礎はトゥキュデ

ィデスの著作からきている。この流れにいる学者にはナイ、キッシンジャー、ミヤシャイマー、ワルツ、ギルピンらがいる

・トゥキュディデスの考えの中には〝強い者はすべてを得る。弱い者は従うだけ〟や〝力が正義を作る〟などの考えがある

・冷戦時代のゼロサム・ゲームの中、米国は世界各地への介入を正当化した

このように、トゥキュディデスの『戦史』は、米国の安全保障観に大きな影響を与えた。一方で、当然、トゥキュディデス的な物の考え方が、米国の安全保障観の中枢を占めることに対する批判もある。

ピーター・アーレンスドルフ（Peter Ahrensdorf）は「リアリズムに対するトゥキュディデスの現実的批判（Thucydides' realistic critique of realism）」の中で、「トゥキュディデスは国際政治の場で正義の役割が弱いというリアリストの主張を認めている。しかし、同時にリアリズムが有効な外交政策たり得るかについては疑問を持っている。トゥキュディデスは自己利益追求の外交政策は自己破壊的な反動を招くという考えを持っている」として、トゥキュディデスを根拠に、力を背景として国家利益を全面に出す米国の外交政策を批判してい

る。

このように見てくると、欧米の学者が、歴史を次のように使っていることがわかる。

・歴史は安全保障問題を考察する宝庫、実験室と認識する
・いくつかの仮定、結論を歴史から出す試みを行なう。その材料を精査する
・出てきた結論を普遍化できるかを考える

前述のように、ナイ教授は、「勃興する中国にどう対応するか」という問いに対し、ペロポネソス戦争というプリズムを通して考察し、「中国との紛争は不可避だという信念は、（ペロポネソスとの戦争が不可避だという考えが逆に戦争を不可避の方に追い込んでいったのと）同様の自己実現的効果を持ちうるであろう」と指摘した。

歴史上の失敗の要因

戦略を学ぶ上で、歴史は材料の宝庫である。歴史上の失敗は多くの教訓を与えてくれる。
本書の趣旨は、戦略の重要性を学ぶことにある。そして、これまで、マクナマラの戦略シス

テムが戦略を考察する上で貴重な道具となりうることを指摘してきた。そこで、歴史上の失敗とされるものの要因がどこにあるのか、その要因をマクナマラの戦略システムを利用して、箇条書きで整理してみたい。

A　外部環境の把握

・カルタゴの滅亡……カルタゴを抹殺しようとするローマの意思に対する認識の欠如
・ナポレオンのロシア遠征失敗……ロシアの抵抗を過小評価
・南北戦争の南軍敗退……リンカーンは、国家の統一を維持するためには、南軍との戦争が不可欠とみていた。他方、世論上、自らが戦争を開始することは困難であった。そこで南軍が先制攻撃をする状況を作っていく。南軍側には、こうしたリンカーンの謀略といえる動きに対する判断が欠如していた
・ナチス・ドイツのソ連攻撃失敗……ソ連の抵抗の過小評価
・日中戦争の長期化……日本軍は中国の抵抗を過小評価
・ミュンヘン宥和《ゆうわ》（一九三八年、ナチスのチェコスロバキア・ズデーテン地方要求を英仏伊が受け入れた）……欧州制覇をめざすヒットラーの戦略への認識欠如

・ノモンハン事件（一九三九年の関東軍・ソ連軍の衝突）……日本軍によるソ連軍の過小評価

・三国同盟（一九四〇年九月、日・独・伊、同盟条約を締結）……松岡洋右《ようすけ》外相は米国の強い反発を誤認

・真珠湾攻撃……第二次大戦時、米国世論は中立政策を支持。米国としては、欧州戦線に入りナチスと戦うには、世論を説得する材料が必要。この中、米国・英国は石油の全面禁輸を行なうなど、日本に先制攻撃をさせる方向に誘導。日本側はこうした動きの認識なし

・朝鮮戦争……北朝鮮による米国の意図の見誤り（一九五一年一月アチソン国務長官が「米国はアリューシャン列島から日本、沖縄、フィリピンに至る線を防衛の第一線として確保する」と演説。この演説は、朝鮮半島は米国の防衛の圏外の印象を与え、ソ連・北朝鮮は米国の意図を誤算し、五一年六月、北朝鮮は韓国への攻撃を開始）

・ベトナム戦争……北ベトナムの抵抗の過小評価。中国・ソ連が背後で北ベトナムに武器輸出を行ない、支えている状況を軽視。また、ベトナムを失えば、ドミノ倒しのように東南アジアすべてが共産化するという誤認、費用対効果の見誤り

・ソ連のアフガニスタン戦争……アフガニスタンの抵抗の過小評価
・イラク戦争……米国がイラクの抵抗を過小評価
・アフガニスタン戦争……アフガニスタンの抵抗の過小評価

B **自己の能力の把握**

・タイタニック号……「不沈」に対する最先端技術への過信で、救助施設の配備を省略
(出典・「Lessons From History」の「Titanic Lessons for IT Projects」)

C **生き残りの問題設定**

・ローマ帝国の崩壊……自国経済の弱体化と対外介入のバランスの崩れ
・ミッドウェー開戦……日本はこの作戦で米空母をおびき寄せ、壊滅を図る。しかし米国は、日本軍の交信すべての盗聴に成功し、これで優位な作戦を作成。結果として日本軍は大敗

D **情勢判断**(敵との比較)

・マジノ・ライン……ドイツ軍の侵略を防ぐため、フランスは莫大な資金を投じて、国境線に要塞による防御ラインを構築。一九三六年竣工。ドイツは迂回作戦をとる。マジノ・ラインは「無用の長物」の代名詞となる

・ピッグス湾事件……一九六一年、亡命キューバ人たちで構成される「反革命傭兵軍」が、米国の支援でキューバ・カストロ政権の転覆を試みたもの。米国はこの時期、ベトナム戦争を実施中。そのため、キューバ軍の力に対して、投入できる米側軍事力が不足し、失敗

・中越戦争……一九七九年中国はベトナムのカンボジア侵攻に反対し、ベトナムへの侵攻を開始。中国はベトナムの装備、士気を見誤り被害甚大で撤退

E　戦略比較

・日本海軍の大艦巨砲主義……第二次大戦中、日本海軍は大艦巨砲主義をとった。しかし技術革新で飛行機の重要性が圧倒的に高まった。結局第二次大戦においては、日露戦争のような戦艦同士の決戦は起こらず、戦艦武蔵はレイテ戦で航空機により撃沈され、戦艦大和も沖縄戦に参加する前に航空機による攻撃で沈められた。技術革新が戦

略変化を起こした典型例

・キューバ危機……キューバ問題で米ソ間で戦争が起こることへの危険性認識の甘さ

・米国のイラク戦争、アフガニスタン戦争……戦争目的と費用のアンバランス

・第二次台湾海峡危機……一九五八年八月、中国は金門《きんもん》守備隊に対し砲撃。十月、中国は金門島、馬祖《ばそ》島封鎖を解除、休戦を宣言し、米国との全面戦争を回避

・第三次台湾海峡危機……一九六二年、蔣介石《しょうかいせき》は大陸反攻の好機と捉え、攻撃を計画

・第三次・第四次中東戦争……一九六七年、七三年いずれも、攻撃をかけたアラブ側の対イスラエル戦力バランスの判断ミス

F　コスト管理

・IT企業……過去一〇年のIT企業プロジェクト中、成功は二五%、失敗は二五%、失敗の要因は、投資に対する見返り不足と質・販売時期等予定の不実行（出典・「Lessons From History」の「What is Project Failure?」）

こうして歴史の失敗を見ると、敵の状況を見誤っているケースがいかに多いかがわかる。

日本は、日中戦争の長期化、ノモンハン事件、三国同盟、真珠湾攻撃、ミッドウェー開戦と、情報分野で手痛い失敗を重ねてきている。本来、誰よりも情報の重要性を痛感していいはずである。

失敗の歴史を教訓にすれば、戦略の第一歩として、マクナマラ戦略システムで言えば、正確な外部環境の把握が何よりも求められる。さすが、マクナマラは、国防長官時代に「外的環境の把握」の核として国防情報局（DIA）を作った。

今日の世界の諜報《ちょうほう》機関は、膨大な組織になっている。二〇〇七年十月三十一日、ニューヨーク・タイムズ紙は米国一六機関の情報活動の予算は、軍関係を除き総額五〇〇億ドル（約五兆円、人員一〇万人、うちCIAは約二七〇億ドル）と報じた。他方、日本外務省の二〇〇七年度予算は六七〇九億円、定員は五五〇四人であり、米国の情報関係予算は、軍関係を除いても、日本の外務省予算の一〇倍弱にのぼる。

世界の主な国は、すべて諜報機関を持っている。しかし日本には、米国のCIA、英国のMI6といったような諜報機関はない。これ一つを見ても、日本には今日国家戦略を作る基礎がまったく整っていない。

本書では、日本人に戦略的思考が弱いことをみてきた。そして、日本で情報分野の機構が整っていないことは、そもそも、戦略を作る環境が整っていないことを示している。

第六章

現代日本の安全保障戦略——三つの疑問点

(1) 日本の防衛政策に戦略の基本がないのはなぜか

「基盤的防衛力構想」の驚くべき内容

戦略の基本は、①敵が誰か、②いかなる手段で攻撃してくるか、③いかなる防衛手段があるか、を考えることにある。日本の防衛政策も当然、これら三つの視点から形成されていると思うのが普通だ。だが、驚くことに、違う。

日本の防衛政策に「基盤的防衛力構想」がある。一九七六年に「防衛大綱」が策定された際に中心となった考え方であり、日本の防衛政策の根幹である。道下徳成《みちしたなるしげ》著「戦略思想としての『基盤的防衛力構想』」(平成十五年度戦争史研究国際フォーラム報告書所収)は、これについて次のように記している。

・戦後の日本において唯一の包括的かつ洗練された(?)防衛戦略構想であった(注・?は筆者の追加)

・一九七七年版『日本の防衛』(防衛白書)で、「限定的かつ小規模な侵略までの事態に

有効に対処する」とされた

・九二年版の『日本の防衛』で、「基盤的防衛力構想は我が国に対する軍事的脅威に直接対抗するよりも、みずからが力の空白になって、この地域における不安定要因にならないよう、独立国として必要最小限の基盤的な防衛力を保持する」考え方であると説明された

・さらに九五年の「平成８年度以降に係る防衛計画の大綱」では基盤的防衛力構想自体に変更が加えられたわけではなかったが「基本的に踏襲」するとされた

また、「平成17年度以降に係る防衛計画の大綱について（閣議決定）」は、次のように記述している。

「我が国はこれまで、我が国に対する軍事的脅威に直接対抗するよりも、自らが力の空白となって我が国周辺地域の不安定要因とならないよう、独立国としての必要最小限の基盤的な防衛力を保有するという『基盤的防衛力構想』を基本的に踏襲した『平成８年度以降に係る防衛計画の大綱』（平成７年11月28日安全保障会議及び閣議決定）に従って防

衛力の整備を進めてきたところであり、これにより日米安全保障体制と相まって、侵略の未然防止に寄与してきた。今後の防衛力については、新たな安全保障環境の下、『基盤的防衛力構想』の有効な部分は継承しつつ、新たな脅威や多様な事態に実効的に対応し得るものとする必要がある」

世界のどこに、国の防衛政策の根幹で、「自国に対する軍事的脅威に直接対抗する」ことを目的とせず、「その地域の不安定要因にならないこと」を主目的とする国があろうか。

一九七六年、初めて「基盤的防衛力構想」が出てきた時に、この構想について政府は詳しく説明している。

まず「限定的かつ小規模な侵略」は何を意味するか。「事前に侵攻の意図が察知されないよう、侵略のために大掛かりな準備を行うことなしに奇襲的に行われ、かつ短期間に既成事実を作ってしまうことなどを狙いとしたもの」とされている。「闇夜に乗じて島に上陸して自国の旗を立てる」ような事態に対処するものだ。

では、それ以上の侵略があったらどうなるのか。「我が国に対して小規模なものを超える侵略が生起する可能性は極めて小さい」と判断している。驚くほど、楽観的分析である。

もし、高校の社会科の試験で「日本に対する攻撃の脅威がどれぐらいあるとして防衛政策を作るべきか」という質問が出て、「我が国に対して小規模なものを超える侵略が生起する可能性は極めて小さい」と答えて何点もらえるか。一〇〇点満点でせいぜい二〇点程度だろう。

それが我が国の国防の基本となっている。そして、「侵略の様相等の状況により独力での排除が困難な場合にも、有効な抵抗を継続して、米国からの協力をまって、そのような侵略を排除しえなければならない」と言う。

ここには「独力で守る」という思想がない。「独力で守る」という思想の欠如こそ、日本の防衛政策の最大の問題点である。世界中で、国防政策として、侵略されても同盟国が助けに来るまで待っていなければならないとしている国が、どこにあるだろうか。

さらに、この考えは、今日でも全面的に改定されてはいない。「平成17年度以降に係る防衛計画の大綱について(閣議決定)」は、依然として「我が国に対する軍事的脅威に直接対抗する」ことを主目的としていない。目的は「自らが力の空白となって我が国周辺地域の不安定要因とならないよう」とされている。日本人がこの文書を本当に書いたのだろうか？と思いたくなる表現だ。

「平成17年度以降に係る防衛計画」で、日本をとりまく安全保障環境はどうなっているか。情勢判断では「我が国に対する本格的な侵略自体生起の可能性は低下する一方」としている。安全保障は通常最悪を想定するが、防衛大綱は、やはり驚くほど楽観的だ。

なぜ日本は自らを守ろうとしないのか

防衛大綱に書かれた、我が国を守る基本姿勢は弱体である。防衛大綱は日本が自らを守ることを主目的とすべきである。だが、そうはなっていない。この「我が国に対する軍事的脅威に直接対抗するよりも……」という発想が、国を守るべき自衛隊のどこから出てくるのだろうか。残念ながら、それは日本独自の動きでは説明できない。しかし、これに米国の意図が加わると、見事に整合性がとれる。

マイケル・グリーンは、米国国家安全保障会議（NSC）日本・朝鮮担当部長（二〇〇一〜〇四年）、NSC上級アジア部長兼東アジア担当大統領特別補佐官（〇四〜〇五年）の要職にあった人物である。彼は、日米安保条約を論文「力のバランス」（スティーヴン・K・ヴォーゲル編著『対立か協調か』中央公論新社所収）で、次のように記述している。

「（一九五一年の講和条約の際）ダレスは各国代表に対して、そのときすでに日本と取り決めていた戦略的取引に関して、アメリカの見解の概略を説明した。第一に日本は、民主主義諸国の共同体にしっかりと留まる。第二に日本は、国連憲章の下で国家自衛権を保持するものの、攻撃能力を発展させることはない。第三に、アメリカは日本国内に基地を保持する。（中略）この三点は譲れないものだった」

「五十年を経て、サンフランシスコ講和条約と当初の日米安全保障条約の基本的枠組みは驚くほど手つかずのままだ」

マイケル・グリーンは日米の取引に「日本は攻撃能力を発展させることはない」という枠組みが存在し、この状態が「驚くほど手つかずのままだ」と指摘した。

第二次大戦以降、国際的にどの国も採用している軍事戦略の基本は、「攻撃があったらそれ以上の反撃を相手に課す。これで攻撃を抑止する」である。防衛の基本理念は報復攻撃にある。

しかし、日米間に「日本は攻撃能力を発展させることはない」との取引があった。そしてそれは、「驚くほど手つかずのまま」である。自衛隊は増強された。いろんな兵器は持っている。それも世界の最高水準である。しかし、「自ら守る」という理念を基礎にしていない。「米国に守ってもらう。そのため日本として便宜を図る」、この姿勢は変わらない。そうすれば、この世界最新の兵器は、米軍の補助を主目的に購入されていても何ら不思議はない。それは自ら守るという発想の上に調達されたものではない。

こうしてみると、戦略の基本である①敵が誰か、②いかなる手段で攻撃してくるか、③いかなる防衛手段があるか、といったことが、なぜ日本で論じられてこなかったかが、明確になる。

これを論ずれば、当然「いかなる報復のための攻撃兵器を持つか」の論議にいく。しかし、それは行なわないという取決めが日米間にあり、それが手つかずのまま今日まで来た。だとすれば、この論議はできない。それが我が国の防衛大綱である。「自ら守る」ことを考えず、対米協力のありかただけは充実させる。残念ながら、これが今日の日本の防衛政策である。日本は今、防衛費では世界でも有数の支出をしている。素晴らしい兵器を持つ。しかし、体系的に整備されておらず、独自では戦えない。我が国には、根本思想に自衛隊で守る思想はない。あくまで、最終担保は米国にある。

米国は本当に日本を守ってくれるのか

この体制で本当に良いのか。最終担保を米国とすることで、本当に日本は大丈夫なのだろうか？　日本の領土問題を念頭に考えてみたい。

①尖閣《せんかく》諸島の場合——米国は日本の領有権を支持しているか

多くの国民は、日米安保条約で日本の領土が守られていると思っている。日本の領土を外国から守るという点では、日本人の最大の関心は尖閣諸島である。中国が尖閣諸島を攻撃したらどうなるのか？

多くの日本人は日米安保条約があるから、米国は即、日本と共に戦うだろうと思っている。かつ、米国政府要人はその印象を与えてきた。日本の外務省幹部は「絶対守ってくれる」と言ってきた。そんなに確実なのか、改めて考える必要がある。

一九九六年、時の駐日大使モンデールは「米国軍は安保条約で（尖閣諸島をめぐる）紛争に介入を義務づけられるものではない」と発言した。

モンデール大使発言はマーク・ヴァレンシア（Mark Valencia）著「東シナ海論争（The East China Sea Dispute)」（学術誌「エジアン・パースペクティブ（Asian Perspective)」二〇

○七年第一号一五六頁）に記載されている。

一九九六年九月十五日、及び十月二十日のニューヨーク・タイムズ紙は、「米国軍は安保条約で（尖閣諸島をめぐる）紛争に介入を義務づけられるものではない」とする、モンデール駐日大使の発言を報じた。重要なので、原文もあわせて掲載する。

「ウォルター・モンデール大使は、誰が島（尖閣諸島）を領有しているかについては、米国は立場をとらないと指摘した。さらに、米軍は条約（安保条約）によって島をめぐる紛争に介入を義務づけられるものでないと述べた」（九月十五日）

(Ambassador Walter F. Mondale has noted that the United States takes no position on who owns the islands and has said American forces would not be compelled by the treaty to intervene in a dispute over them.)

「この問題（尖閣諸島問題）が熱い話題になり、官僚達が黙り込む前の昨年のインタビューで、ウォルター・モンデール大使は、常識である点、つまり、島（尖閣諸島）が取られたとしても、自動的に安保条約が発動され米軍の介入が強いられるものでないと示

唆した」（十月二十日）

(In an interview last year, before the issue became a hot topic and officials clammed up, Ambassador Walter F. Mondale suggested what is common sense: that seizure of the islands would not automatically set off the security treaty and force American military intervention.)

ニューヨーク・タイムズ紙が二度にわたり同じ内容を報じたことからも、同紙はモンデール大使がこの発言をしたことに自信を持っていることが窺える。

モンデール大使発言は、在日米軍の将来を揺るがすメガトン級の発言である。在日米軍は日本を守るために日本に駐留している。しかし、米軍が尖閣諸島を守らないのなら、米軍は何ゆえ日本に駐留するかが問われる。米国として、モンデール大使発言はあってはならない。

当然、米国は必死にモンデール大使の発言を打ち消した。「東シナ海論争（The East China Sea Dispute）」は、一九九六年十一月二十六日付ロイターを引用しつつ、（1）尖閣諸島は日本の管轄地にあり、安全保障条約の対象である、（2）しかし領有権については日中のいずれ側にもつかないと述べたと記述している。

米国は「日中のいずれにも与《くみ》しない」と公式に立場を表明した。日本政府がこの米国の対応に異論を唱えた形跡はない。むしろ即、この米国の立場を支持している。日本外務省のホームページ（http://www.mofa.go.jp/announce/press/1996/11/1105.html）は一九九六年十一月五日付の次の報道官談話を掲載している。

「問―先週、尖閣諸島の領有問題に関して、米国政府が日本政府に公式に通報し、米国はいずれの国の立場も支持しないと報道された。これに対して詳しく見解を述べていただけますか」

(Q: It was reported last week that the United States Government had formally informed Japan, regarding the Senkaku Islands territorial issues, that the United States will not support any countries' steps. Could you elaborate on this?)

「答え―米国は、従来より尖閣諸島について自己の立場を表明してきている。米国国務省バーンズ報道官は、過去においてもタケシタ島（原文ママ）の主権について、いかなる立場もとらないと述べている。我々は米国の立場を承知し、理解している」

(A: The United States announces every now and then its attitude toward the Senkaku islands. Press Secretary Burns of the State Department of the United States said in the past that the United States will not take any position regarding the sovereignty over Takeshita Island. We understand and know the position of the United States.)

米国は、その後も一貫して、「尖閣問題の領有権では日中のいずれの立場も支持しない」立場をとっている。二〇〇四年三月二十四日、エアリ国務省副報道官は次の立場を表明した。

・一九七二年の沖縄返還以来、尖閣諸島は日本の管轄権の下にある。一九六〇年安保条約第五条は日本の管轄地に適用されると述べている。したがって第五条は尖閣諸島に適用される

・尖閣の主権は係争中である。米国は最終的な主権問題に立場をとらない

この発言を聞いて、何か奇異なものを感じないであろうか。

同盟関係では、通常、まず外交で支援する。最後に武力で支援する。米国は、「尖閣諸島は日本のものである」という日本の主張を支持していない。外交で支援しないものをどうして武力で支援するのか。米国が日本領土と認めていない土地を守るために、米国軍人が命をかける、こんなことを米国社会が認めるだろうか。

副報道官は「一九六〇年安保条約第五条が適用される」と言っている。しかし「自動的に米軍が関与する」とは言っていない。この両者にいかなる違いがあるか。

安保条約第五条は「自国の憲法上の規定及び手続に従って行動する」と言っている。米国では、戦争宣言を行なう権利は議会にある。行政府ではない。議会は行政府から独立して決定する。一九五二年の安保条約について、当時の責任者ダレスは「フォーリン・アフェアーズ」誌（一九五二年一月号）で「日本の安全と独立を保障するいかなる条約上の義務を負っていない」と述べた。米国が日本の防衛に負っている義務は、「議会の意向に従う」という留保付きである。

二〇〇五年十月に署名された「日米同盟　未来のための変革と再編」では「役割・任務についての基本的考え方」がある。ここで「日本は島嶼《とうしょ》部への侵略は自ら防衛する」としている。島の防衛は日本の役割である。日米共同の役割・任務ではない。

中国の尖閣諸島攻撃を想定しよう。中国は、当然占拠できると見込む戦力でくる。この時は、自衛隊が対応する。初期の段階で米軍は参戦しない。自衛隊が勝てばそれでいいが、負けるとどうなるか。管轄権は中国に移る。その際には、安保条約は適用されない。

つまり、自衛隊が勝っても負けても、米軍は出る必要がない。見事ではないか。一方で、尖閣諸島をめぐる主権論争で日中のいずれ側にもつかない。他方で、軍事的に日本を支援するという姿勢は放棄しない。しかし、中国との戦闘に巻き込まれる危険性は避けている。

米国内では、「アメリカとしてみれば、日本と中国の領土問題や海底資源問題をめぐる紛争に引きずり込まれるリスクが減ずる」（サミュエルズ著『日本防衛の大戦略』）ことが米国の国益に合致すると考えるのが自然である。

沖縄が米国施政下にあった時、尖閣諸島もその中に含まれた。まさか中国領と認識していたわけではないだろう。しかし、尖閣諸島をめぐり、日中の軍事衝突の可能性が出てくるや、領土問題で中立の立場を打ち出した。「巻き込まれの危険回避」と「同盟国支援」の選択の中、米国は「巻き込まれの危険回避」を優先した。しかし、表面上は「同盟国支援」の立場を保っている。

私は、米国のこの態度を非難する気持ちはさらさらない。それが国際関係だ。米国の外交のしたたかさに感心する。見事だ。同時に、日本の対米外交の弱さにがっかりする。うまく利用され、そして日本国民には「騙《だま》されてない。我々は頑張ってます」という。「一所懸命」が免罪符になると思っている。

モンデール大使発言が「米国が軍事的に出てこない」と明言した内容は間違いではない。ではなぜ、本国に叱責されたのか。彼の間違いは、大使として、国益（日本の国益ではない！）を害することを発言したことにある。

日本人は尖閣諸島で米国が軍事的に助けてくれると思っている、それで米軍基地が日本にある。モンデール大使は十一月八日、駐日大使引退を日本側に伝えた。十一月五日、日本外務省報道官が本件落着の会見を行なって、わずか三日後である。

②北方領土の場合——北方領土は安保条約の対象外

一九六〇年安保条約が締結された時には、北方領土はソ連の管轄地にある。したがって安保条約第五条からして、安保条約の対象外である。

③竹島の場合——いつの間にか韓国支持に踏み切った米国

竹島もまた、日本の管轄下にあるとはみなされない。したがって、これも安保条約の対象外である。

米国は過去、竹島問題で、日韓のいずれの立場も支持するものでないとの立場をとってきたが、**ブッシュ大統領の訪韓時、米国は竹島を韓国領と位置づけた**。二〇〇八年、米国地名委員会がこれまで韓国領としていたのを、係争中に変更した。ちょうどブッシュ大統領の韓国訪問直前でもあったので、韓国側は大統領を含め、激しい抗議を米国に行なった。これをうけ、米国地名委員会は再度韓国領と修正した。この動きはブッシュ大統領からライス国務長官の指示に基づくと報じられている（「The Japan Times」二〇〇八年八月一日付報道）。二〇一〇年五月時点でも、**米国地名委員会は竹島を韓国領と見なしている**。

この委員会の決定は、「アメリカ連邦政府のすべての省および政府機関に対する拘束力が認められている」。「竹島を韓国領」としたのは、米国政府全体の意向である。今後の竹島問題の動向に大きく影響を与える。

日本政府は、国内向けに竹島は日本領土だという宣伝工作を展開する。しかし、竹島問題の帰属に決定的影響を与える米国の動きに真剣に抗議をしない。なぜだろうか。

日本は、世界で最も米国に忠実な国である。しかし、米国は、尖閣諸島であれ、竹島問題であれ、最も忠実に米国に従う日本の立場は無視している。米国は、敵対的地位にある中国や、文句をいう韓国の立場を重視している。これ一つみても、「米国に追随するだけ」の戦略では日本に利益をもたらさないことがわかる。

日本の多くの人は、日米同盟の下、米国は領土問題で日本の立場を強く支持していると思っている。だが、実態は違う。竹島では韓国の立場を支持し、尖閣諸島では日中のどちら側にもつかないと述べている。北方領土は安保条約の対象外だ。びっくりすると思う。しかしこれが実態だ。

中国の海軍増強は続く。この中、日米同盟の強化を説く人は「だから同盟を強化しなければいけない」と主張する。しかし、米国はそんな甘い国でない。自分の国の国益を考える。米国は日本要因で米中戦争に突入することを極力避ける。今後、ますますこの傾向が強まるだろう。それは国として当然の選択である。

この中、日本はどうするのか。自衛力を増強し、中国が尖閣諸島などで軍事行動をとることに対する敷居を高くするより、方法がない。そのためには「いかなる脅威があるか」「これを排するにはいかなる手段があるか」、それを防衛大綱の軸にしなければならない。今の日本に、それができるであろうか。

第四段……中国が米国の脅しをうけ、では日本への核攻撃の脅しは取り下げますという。

こう進むのが、「核の傘」、「拡大核抑止」である。

では、本当にこのシナリオで進むのであろうか。

ここで今一度、核戦略の根本である「相互確証破壊戦略」に戻ってみよう。「相互確証破壊戦略」は、核保有国が相手国を壊滅できる核攻撃の能力を持った時に、いかにお互いが核での先制攻撃を避けるかを考えた構想である。理由、背景が何であれ、お互いに核兵器で先制攻撃をしないことを相互に確約するシステムだ。

「相互確証破壊戦略」の骨子は、「お互いに相手国が攻撃しても、生き残る核兵器を持ち、これで相手国を確実に破壊できる状況に置く、したがって、双方が先制攻撃をしない」ということだ。これが最も重要なポイントである。仮に、同盟国が核攻撃の脅しをうけても、米国は相手国に「そんなことをしたら、米国は貴国に核兵器で先制攻撃するぞ」とは絶対に言えないシステムである。

米国とソ連（ロシア）が、「相互確証破壊戦略」を米ソ間の基本原則とする限り、「核の傘」、「同盟国への核抑止の供与」は存在しない。将来、中国の核兵器が米国を壊滅できる状況ができたら、米国は中国との間に「相互確証破壊戦略」を適用するしかない。

図解すると169ページのようになる。

こうした状況を踏まえて、米ソ間の戦略交渉の中心人物であったキッシンジャーは、代表的著書『核兵器と外交政策』の中で、核の傘はないと主張した。要点は次のとおりである。

・全面戦争という破局に直面した時、ヨーロッパといえども、全面戦争に値すると（米国の中で）誰が確信しうるか、米国大統領は西ヨーロッパと米国の都市五〇と引き替えにするだろうか
・西半球以外の地域は争う価値がないように見えてくる危険がある

キッシンジャーは、日本に対する「核の傘」はあり得ないと指摘している。筆者がキッシンジャーを好きだから引用したのではない。核戦略の分野で、『核兵器と外交政策』は最も権威のある本である。米国の安全保障関係者で、この本を読んでいない人はまずいない。

二〇一〇年三月十二日に放送されたNHK『日本の、これから』という番組に出演した際に、この点を紹介したら、ジャーナリストの櫻井《さくらい》よしこさんが「米国の学者はキッシンジ

米国と中国との間での相互確証破壊戦略

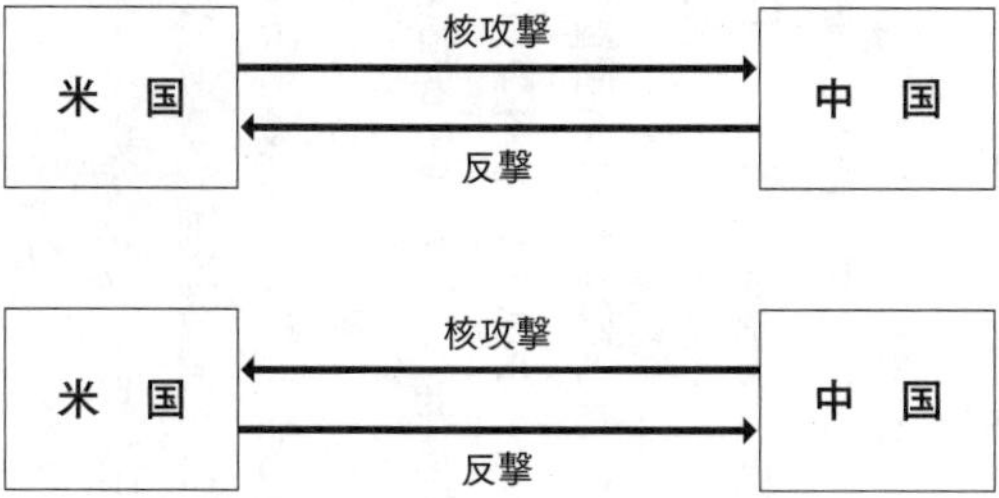

（お互いに相手から攻撃されても反撃能力を残し、先制攻撃の誘惑を断つ）

なぜ、日本と中国の関係で米国の核抑止力は働かないか

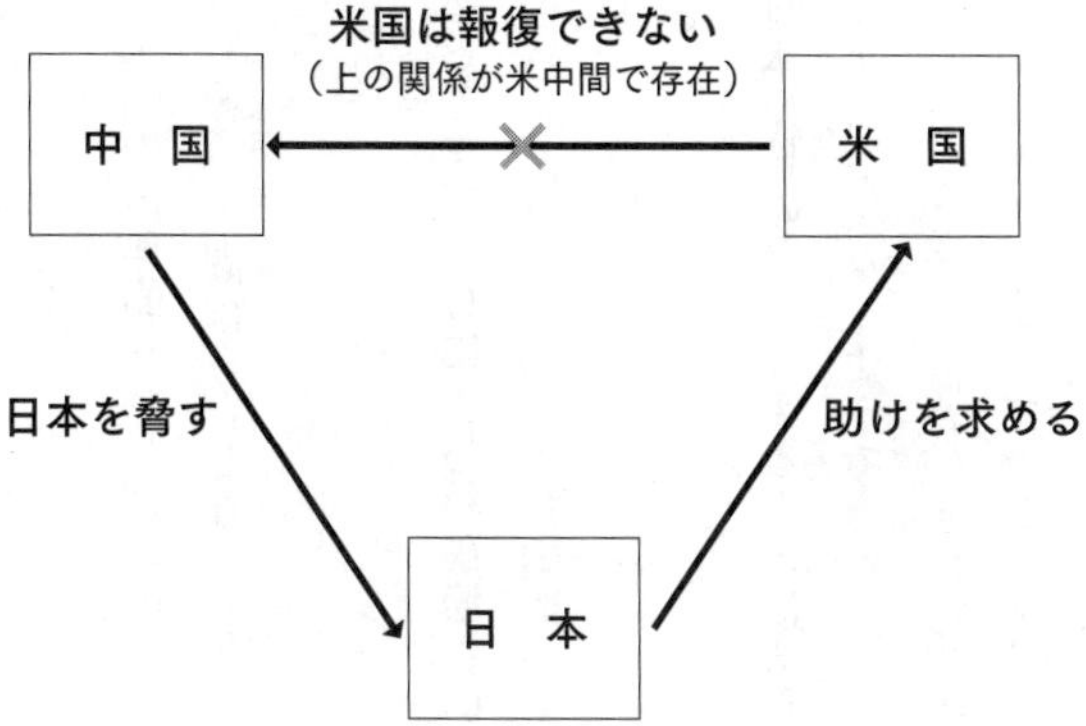

ャーだけでないでしょう」と反論された。そういう方は他にもおいでであろうから、今一人引用する。

ハンス・モーゲンソー著『国際政治』（福村出版）は、米国の古典的リアリズムのバイブル的存在である。国際政治を研究する者で、この本を手にしない人間は存在しない。それくらいの本である。ここに「核の傘」について次の記述がある。

「（核保有国）Ａは、（非核保有国）Ｂとの同盟を尊重してまで、Ｃによる核破壊という危険にみずからをさらすであろうか。極端に危険が伴うことは、このような同盟の有効性に疑問をなげかけることになる」

「核の傘」への疑問は学者の見解のみでない。「米国が日本に核の傘を与えることはあり得ない」と発言した人物がいる。元ＣＩＡ長官スタンスフィールド・ターナーである。

ターナーはアマースト大学、海軍士官学校卒、ロードス・スカラー（歴代、米国の錚々《そうそう》たる人物がこの栄誉をうけている。クリントン元米国大統領もその一人）としてオックスフォード大学に留学、ミサイル巡洋艦艦長、ＮＡＴＯ南部軍司令官、海軍大学校校長、大西洋を所管する第三艦隊司令官を経て、ＣＩＡ長官となった。同盟国との核問題を実戦部隊司令官としてもっとも熟知した人物である。
一九八六年六月二十五日付、読売新聞夕刊一面トップは「日欧の核の傘は幻想」の標題の下、次のようなターナー元ＣＩＡ長官の言葉を報じた。

「軍事戦略に精通したターナー前米中央情報局（ＣＩＡ）長官（海軍提督）はインタビューで核の傘問題について、アメリカが日本や欧州防衛のためにソ連に向けて核を発射すると思うのは幻想であると言明」「われわれは米本土の核を使って欧州を防衛する考えはない」「アメリカの大統領がだれであれ、ワルシャワ機構軍が侵攻してきたからといって、モスクワに核攻撃をかけることはあり得ない。そうすれば、ワシントンやニューヨークが廃墟となるからだ」「同様に、日本の防衛のために核ミサイルを米本土から発射することはあり得ない」「われわれはワシントンを犠牲にしてまで同盟諸国を守る考えはない」「アメリカが外国と結んだいかなる防衛条約にも、核使用に言及したものはない」「日本についても有事の際、アメリカは助けに行くだろうが、核兵器は使用しない」

極めて明確である。キッシンジャー、モーゲンソーという米国の安全保障・外交の第一人者が、理論的に同盟国のために核兵器を使用することはないと言明し、米海軍第二艦隊司令官やCIA長官のポストを経てきたターナーも、日本に対する「核の傘」はないという。

もちろん、米国国務省員や、国防省員は日本を引きつけるために、あるいは有利な取引を得るために「核の傘は提供してますよ」と言う。歴史的にそう言ってきたし、今後もそう言うだろう。しかし、論理的に考えて、米国が「核の傘」を与える可能性はない。

抑止論に曖昧さはない

この項の冒頭で、安保条約では、日本に攻撃があった時米国は「自国の憲法上の規定及び手続きに従って行動する」と規定していることを紹介した。これと、ターナー元CIA長官が言う「アメリカが外国と結んだいかなる防衛条約にも核使用に言及したものはない」との関係はどうなっているだろうか。ターナーが言うように、「日米安保条約には核を使う」という約束はない。

抑止論の議論をすると、「抑止というのは漠然としたもの」という議論がなされる。しかし、大国が「相互確証破壊戦略」を互いに採用する時、曖昧さはない。双方の弾道ミサイルの数、破壊能力を緻密《ちみつ》に計算し、いかなる攻撃があっても生き残れる核兵器が、どれくらいあるかを確証しあう。当然、どういう場合に核兵器を使うかを確証しあう。

この討議の中で、必然的に同盟国への「核の傘」の有効性は否定される。同盟国への「核の傘」と、「相互確証破壊戦略」は共存できない。

中国が米国を核攻撃する能力が高まるにつれ、米国は中国に明確に「日本への核の傘はない」と伝達していくだろう。抑止論は曖昧なものではない。超大国はとことんつめ、双方に曖昧さが残らない状況を作ってきた。

「相互確証破壊戦略」は、相手国が米国を完全に壊滅できる核兵器の能力を持った時に出てくる戦略である。相手国が米国を完全に壊滅できない時には、別の戦略が適用される。

つまり、北朝鮮の核兵器に対しては米国の抑止が働くが、中国に対してはそうではない。日本にとり、一番の問題は軍事大国化した中国である。中国が大国化した時、米国の対日軍事支援は自動的になされない。尖閣諸島や、中国の核兵器が対象になった時、米国が日本と共に戦うか。恐らく避けるだろう。

中国が自分の核兵器の能力を高めることで、事態は変化した。二〇年前はそういう事態はなかった。しかし、中国が米国への核攻撃の能力を持つにいたった現在、事態は変わった。今後ますます変わる。

米国は、東アジアで軍事を使う可能性はある。しかし、それは「日米に確固たる約束があるから」ではない。米国が「戦うことが自らの国益に合致する」と判断する時である。

「米国に追随する」で、我が国の安全保障の問題がすべて解決するわけではない。「すべて解決する」という考えは、実態から遊離している。幻想を持つことは危険である。

当然、「独自の戦力を充実させる」道を模索する必要がある。今後見ていくが、「米国に追随する」と「独自の戦力の充実に努力しない」ことには、密接な相関関係がある。

日米安保条約でもって、米国は必ず日本を守ってくれると思っている人は、「フォーリン・アフェアーズ」誌一九五二年一月号のダレス論文を見るがいい。ダレス長官は「日本が米国を守るという義務を果たせない以上、米国は守る義務は持っていない。間接侵略に対応する権利は持っているが、義務はない」と述べている。重要なので原文を提示する。

「In view of the Japanese position, the United States was not disposed to assume obligations which Japan could not now reciprocate. US are authorized but not required to such indirect aggression.」

米国は、日本の基地を基盤にして敵と戦う権利を持つ。しかし、義務はない。ダレス長官が作成したのは、一九五一年に締結された旧安保条約である。一九六〇年の新安保条約が締結されるに当たり、新たな文言が入れられた。では、ダレスの考え方は、新安保条約で否定されたか。

新安保条約においても、この考え方は、極めて巧妙に持続されている。旧安保条約から一九六〇年の新安保条約に移行する過程で、いくつかの変化はある。だが、こと米軍の駐留に関する限り、何も変化はない。占領時代から旧安保条約、新安保条約と同じである。ダレスの思想は引き継がれている。

米国が日本に約束したことは「米国は自国の憲法上の規定及び手続きに従って行動する」ことまでである。自国の憲法とは「戦争の決定は議会がする」ということである。議会が積極的に交戦すると言わなければ、戦う義務はない。議会が参戦決議をしなければ、それで終わりである。重要なことは、その事態になっても、米国は何ら約束違反を行なっていないことだ。日本側が単に幻想を持ち、その幻想が実現しなかっただけの話なのである。

(3) 日米同盟の強化は世界に平和をもたらすか

「国際的安全保障環境の改善」に軍事的に協力する危うさ

「平成17年度以降に係る防衛計画の大綱」などの防衛政策において、日本は自らを守る姿勢が弱いことを見てきた。他方、基本防衛方針では、「第二の目標は、国際的な安全保障環境を改善し、我が国に脅威が及ばないようにすることである」としている。

将来、防衛大綱が検討される時、何が変わっていくか。これまで述べてきたように、自ら守る思想が強化されることはない。しかし、国際貢献の名の下、米軍との協力関係は一段と強化されるであろう。

私は著書『日米同盟の正体』（講談社現代新書）の中で、二〇〇五年十月二十九日に日本の外務大臣、防衛庁長官と米国の国務長官、国防長官の間で締結された「日米同盟　未来のための変革と再編」は、一九六〇年の日米安保条約に実質的に「とって代わったものと言っていい」とし、「日米の安全保障協力の対象が極東から世界に拡大された」こと、及び軍事行動を「国連の理念に従う」から「国際的安全保障環境の改善」としたことは極めて危険であると指摘した。

一九六〇年当時、範囲を極東に限ったのは、この範囲を超えた時には、日米の安全保障の利害が必ずしも一致しないと判断したからである。

二〇一〇年七月八日付読売新聞は、外務省が一九六〇年の日米安全保障条約改定に関する外交文書を公開したことに関係し、岸信介《きしのぶすけ》首相（当時）が「『日本としては、米国と共に渦中に投ぜられることは覚悟しなければならないが、韓国、台湾の巻き添えになることは困る』と懸念を示した」と報じた。

日米関係の推進者と見られた岸首相ですら、日米安保条約の範囲拡大には懸念を持っていたのである。この問題は、防衛大綱にも関係するので改めて検討してみたい。

「国際的な安全保障環境を改善する」目的で軍事行動をとることが、本当に世界に平和をもたらすのだろうか。

第三章で、「三〇年戦争で交戦国は長期にわたり国土の荒廃をもたらす戦争を展開し、戦争の規模を制限する暗黙の了解が生まれた。この了解がウェストファリア条約である」と記した。三〇年戦争は最後の宗教戦争である。「誰が正しいか」「正義を実現させる」との視点で戦争を行なうべきでないことを決めた。

この流れの中に、イマヌエル・カント（一七二四—一八〇四）の『永久平和論（永遠平和のために）』がある。カントは「いかなる国家も他の国家の体制や統治に暴力をもって干渉してはならない」と記した。それが国際連合の理念につながり、さらに日米安保条約の基本理念、「国際連合の目的と両立しない他のいかなる方法も慎む」となった。

しかし、二〇〇五年十月、日本の外務大臣、防衛庁長官と米国の国務長官、国防長官の間で結ばれた「日米同盟　未来のための変革と再編」では、「国際的な安全保障環境を改善するため」「共通の戦略を持つ」とされた。

「国際的な安全保障環境を改善するため」という言葉の響きは悪くない。崇高な目的に向かう響きがある。しかし、「国際的な安全保障環境を改善するため」は、戦争を避けるためにできたウエストファリア条約体制や国連憲章の考え方と異なる。一九六〇年の安保条約とも異なるものである。

一時、ブッシュ政策を理論的に支えたネオコン・グループの代表的論客フランシス・フクヤマが、イラクへの攻撃を行なったブッシュ政権に対して「これは実質的に予防戦争だ。先制攻撃は通常切迫した軍事攻撃を打ち破るための行動だ。予防戦争は何カ月あるいは何年も先に実現しそうな脅威を除去するための行動だ」と警告を発した。長年武力行使を抑制することで平和を築いてきた理念からの決別である。

日本は何ら議論することなく、「国際連合の目的と両立しない他のいかなる方法も慎む」という一九六〇年安保条約の方針から、「これは実質的に予防戦争だ。予防戦争は何カ月あるいは何年も先に実現しそうな脅威を除去するための行動だ」という方針に切り替えた。

しかし、国民は何も知らない。そして、この「国際的な安全保障環境を改善する」行動が世界に平和をもたらさないのは、この理念を適用したイラク戦争、アフガニスタン戦争を見ても明らかである。

テロ根絶のためにすべきこと

今、テロとの戦いが国際的課題とされている。この動きに問題はないのであろうか。

テロは暴力行為である。しかし、テロは政治的目的を持っている。自爆テロには強力な政治的目的がある。この政治的目的は、多くの場合、地域に密着した問題である。テロをなくす一つの方法は軍事的に根絶することである。同時に、政治的問題を協議、交渉で解決する道がある。しかし、この点がほとんど議論されていない。

世界の動きは9・11同時多発テロで大きく変わった。この時以降、テロとの戦いが世界の安全保障の中心課題になった。しかし、何ゆえ9・11同時多発テロが起こったのか。

確かに、オサマ・ビン＝ラディンは「米国への戦争宣言」を行なっている。しかし、戦争の目的は極めて具体的であった。イスラムの聖地、サウジアラビアに駐留する米軍の撤退を求めて、戦争宣言をした。では、米国はこの撤退を絶対のめなかったのか？　いや、のめたはずである。

実際、二〇〇三年、米国はイラク戦争開始前に、駐留米軍を撤退させている。二〇〇一年以前の段階で米軍が撤退していたら、9・11同時多発テロは発生していなかったろう。

今、米軍はアフガニスタンでタリバンと戦っている。米軍がアフガニスタンに来る前、タリバンは、米国や西側と戦う意思はまったく持っていない。米国がアフガニスタンに駐留するから、戦っているのである。米軍が撤退すれば、アフガニスタン戦争は終結する。

パレスチナのテロ行為も同様である。パレスチナ側には、イスラエルのジョルダン川西岸の支配や新たな入植地への反対など、明確な政治要求がある。テロとの戦いは、軍事的対応だけでない。政治的対応で解決できる部分が多い。テロとの戦いにおける問題点は、可能な政治決着を無視し、軍事行動しかないかのごとく振る舞うことにある。

米国のカーネギー国際平和財団研究員で政治評論家のロバート・ケーガンは、著書『ネオコンの論理』（光文社）で次のように述べた。

「ヨーロッパとアメリカが同じ世界観を共有しているという幻想にすがるのは止《や》めるべき時期がきている。力という決定的な点についての見方、つまり軍事力の有効性、道義性、妥当性についての見方が、アメリカとヨーロッパで違ってきている。

ヨーロッパは（中略）力の世界を越えて、法律と規則、国際交渉と国際協力という独自の世界に移行している。イマヌエル・カントが『永遠の平和のために』に描いた理想の実現に向かっているのだ。これに対してアメリカは、（中略）トマス・ホッブズが『リバイアサン』で論じた万人に対する万人の戦いの世界、国際法や国際規則があてにならず、安全を保障し、自由な秩序を守り拡大するにはいまだに軍事力の維持と行使が不可欠な世界で、力を行使している」

国際的紛争を解決する際、日本はどちらにつくべきか。圧倒的に「法律と規則、国際交渉と国際協力の世界」であるべきだ。しかし、日米間において、日本は「軍事力の維持と行使が不可欠な世界」を選択し、合意したのである。

二〇一〇年、安保条約五〇年を記念して、「日米同盟の深化」が唱えられている。「国際的な安全保障環境を改善するため」という言葉の響きは悪くなく、崇高な目的に向かう響きがあった。それと同じく、「日米同盟の深化」も肯定的響きを持っている。

しかし、「深化」されるのは軍事分野、すなわち、国際的な安全保障環境を改善するための共通の軍事行動である。そして、本章で見てきたように、それは何カ月あるいは何年も先に実現しそうな脅威を除去するための予防戦争だということを理解すれば、「深化」に諸手《もろて》をあげて賛成できるものではない。

第七章
普天間基地移転問題に見る日米同盟

鳩山総理への提言

二〇一〇年一月五日、私はある研究会の外交・安全保障部会長として、当時の鳩山由紀夫総理に次の進言を行なった。

「日米関係にいかに対処すべきか、普天間問題からご説明いたします。この問題の一番重要な点は、在日米軍は米国にとって極めて重要であるという点です。

今、日米の関係者や報道機関が、普天間問題で日米関係は危機を迎えているという説明がありますが、これは事実と違います。日米の安全保障関係は極めて太く、普天間問題だけで崩れるようなものではありません。かつ、絶対崩せないことは米国が一番よく知っています。

横須賀《よこすか》・佐世保《させぼ》・嘉手納《かでな》など大型基地の規模は世界最大で、これだけ持っている国は日本の他ありません。米国は世界各地に基地を持っています。米軍が海外基地の重要性を評価する時に使用するPRV（Property Replacement Value／財産代替価値）では、**日本・ドイツが米国海外基地の全体の各々三〇%を占めています。**大型基地を見ますと、日本はドイツの三倍です。世界に展開している米軍基地の中で、日本が最重要なのです。

さらに、米軍に対する基地支援を見てみたいと思います。日本が米軍に行なっている基地支援の額は、ドイツの三倍、英国の二〇倍、全NATO諸国の一・六倍、さらに、全世界の半分以上にも達しています。

普天間の資産価値（＝PRV）は在日米軍基地全体の二〇分の一以下です。二〇分の一のために、二〇分の一九まで悪くすることは絶対できません。

もちろん、ゲーツ国防長官、キャンベル国務次官補らは、今後とも強力な圧力をかけてくると思います。しかし、この問題の解決が長期化しても、オバマ大統領らは、米側から日米関係を悪化させる意思はありません。それは米国の国益に大変な害をもたらす結果になります。

普天間問題で最も重要なことは、米国、及び日本国民に、この問題にいかに臨んでいるかの基本姿勢を次のとおり、明確に示すことです。

（1）民主党は「CHANGE（チェンジ）」を掲げて選挙に臨み、国民の圧倒的支持を得た。長く続いた自民党政権は、多くの政策に問題点を生み出していた。したがって、従来の自民党政策のCHANGEを模索することは国民への責務である

（2）民主国家の最重要は、国民の意思尊重である。これは当然、歴代の米国政府の基本姿勢である。オバマ政権でも、イラク戦争や、東欧諸国に対するミサイル防衛

システム配備計画の撤回を行なった。前政権の対外的コミットは真摯《しんし》に受け止める必要がある。しかし、国民の意思が前政権の対外的コミットと異なる場合には、国民の意思を尊重することが最重要である

(3)沖縄県民の普天間県外移転の世論は極めて強い。この世論を無視することは反基地活動の活発化につながり、長期的な日米安保体制の維持にはマイナスである

(4)普天間基地は、人口密集地に存在するという特殊状況にあり、その移転は必要である。我々は(ジャーナリストの)田岡俊次《たおかしゅんじ》氏の提言を受け、普天間基地における米海兵ヘリ部隊を長崎県大村《おおむら》基地(海上自衛隊)、海兵歩兵連隊を同県相浦《あいのうら》駐屯地(陸上自衛隊)に移転させることを提言します」

「ジャパン・ハンドラー」たちの怒り

私の鳩山総理への説明は、当時、内容的に異例だった。皆が鳩山総理へ「普天間をこじらせれば日米関係は悪化する」と進言していた。民主党政権は、自民党時代に約束した沖縄の普天間飛行場の名護市沿岸部への移転を取りやめ、県外移転を模索する方針を発表した。民主党の方針は、在日米軍基地が異常なまでに沖縄に集中し、住民の反発を買っているので、

これを軽減しようとするものである。

米国の国防省、国務省はこれに猛烈に反発した。日本の外務省・防衛省、米国の国防省、国務省、それに日本の報道機関はこぞって、鳩山総理の対応は日米関係を危険に陥《おとしい》れるものとして攻撃していた。

ゲーツ国防長官はこの動きを典型的に示した。二〇〇九年十月二十日、来日したゲーツ国防長官は、十一月のオバマ大統領訪日までの解決を強く迫り、圧力をかけてきた。

この訪日について、米国通の古森義久《こもりよしひさ》氏は、自分のブログで「ゲーツ国防長官はなぜ自衛隊栄誉礼を辞退したのか――日米同盟の危機?!」と題し、「ゲーツ長官は自分自身のスケジュールに（米側の受け止め方を）語らせた。長官は防衛省高官たちとの夕食会と防衛省での歓迎の儀式への招待をともに辞退したのだ」と、十月二十二日付ワシントンポスト紙を引用した。

その後、鳩山政権は移設先を検討し、二〇一〇年三月二十九日、岡田克也《おかだかつや》外相はゲーツ国防長官に、米軍普天間飛行場の移設先について、日米が合意しているキャンプ・シュワブ沿岸部（同県名護市辺野古）とする現行計画を政府案の検討対象から外して説明した。これに対して四月二日付毎日新聞は、「ゲーツ長官は日本側から現行計画の説明がなかったことに怒った」と報じた。

また産経新聞は、二〇〇九年十二月五日「ルース氏（駐日大使）は、岡田克也外相と北沢《きたざわ》俊美《としみ》防衛相を前に顔を真っ赤にして大声を張り上げ、年内決着を先送りにする方針を伝えた日本側に怒りをあらわにした、という」と報じている。

キャンベル国務次官補もほぼ同様の動きをした。これらの動きにあわせ、外務省、防衛省が「大変、大変」と言う。新聞が騒ぐ。国民が不安になる。また、マスコミが騒ぐ。日米関係史を学んできた者にとっては、戦後幾度となく繰り返されてきた、お馴染みのパターンが再現された。

日本の安全保障戦略の基本は、日米同盟にある。その構図はまず、米国の世界戦略があり、その中に日本の役割がある。米国は日本に役割の実施を求め、日本はそれを受け入れる。こうした形で決まってきた。それは、占領時から今日まで続いた基本図式である。

もちろん、米国が日本に役割の実施を求める時、日本の政権内で反対の声が出ることがある。ここで一時的に、日米間に緊張が走る。この時、日本国内に極めて重要な動きが出るのである。日本国内では、「緊張を招くのは日本の利益に反する」という声が上がる。日米の勢力が協力し、抵抗する政権に圧力をかけ、最終的にこの圧力が勝利する。この日米協同体が敗れることはなかった。これが敗戦後の日米関係の歴史である。

第二次大戦後、幾度となく、日本独自の戦略を模索する動きがあった。その動きは外務省内にもあった。防衛庁内にもあった。政治家の中にもあった。しかし、この流れはいずれも、途中で潰れた。

鳩山総理は頑張ったと思う。外務大臣、防衛大臣が早々と沖縄県辺野古への移転に同意した中で、「少なくとも沖縄県外」と述べつづけた。しかし、五月末、事態は急展開し、鳩山政権は五月二十二日、日米両政府は米軍キャンプ・シュワブ沿岸部に滑走路を建設する合意を行なった。最後には米国の意思に従う日米協同体が勝つ。また、歴史は繰り返されたのである。

報道されなかった米国安全保障主流派の見方

米国の俗称「ジャパン・ハンドラー」と言われる人々、日本を牛耳《ぎゅうじ》ってきた人々が、鳩山政権の新しい動きに怒りをこめて反発している時に、米国内に「国防省・国務省の高圧的態度は良くない、長期的観点に立ち、鳩山政権と協力すべきだ」との論調が出た。それも一人ではない。何人かである。

一人は、前にも述べたジョセフ・ナイ教授である。ナイ教授はハーバード大学教授で、ケネディ・スクール学長を務めた安全保障の第一人者である。カーター政権で国務次官補、クリントン政権では国家情報会議議長、国防次官補として政策決定に携わった。一九九五年二月、国防次官補として、通称「ナイ・イニシアティヴ」と呼ばれる「東アジア戦略報告（EASR）」を作成した人物である。

今一人は、アイケンベリーとカプチャンである。アイケンベリーはプリンストン大学教授で、カプチャンはアメリカ国家安全保障会議欧州部長を務めた。さらにもう一人、パッカードは国際問題の大学院でハーバード大学と一、二を争うジョンズ・ホプキンス大学高等国際問題研究大学院の名誉学長である。同時に米日財団理事長の任にある知日派である。

ナイ教授は一月七日付ニューヨーク・タイムズ紙において「（日米）同盟は一つの問題より大きい」との標題の、以下内容の論評を発表した。

・驚くことではないが、ワシントンにおけるある人々は、日本政府に非妥協的態度で臨もうとしている。しかし、それは賢明ではない

・我々は日本に対しもっと忍耐強く、かつ戦略的に臨まなければならない。我々は現

在、二次的な重要性しかもたないものによって、東アジアの長期的戦略を脅かしている

・中国が長期的に脅威になり、核兵器化した北朝鮮が脅威を与える中で、東アジアの安全の最善の保障は（日本での）米軍の維持であり、日本は寛容な基地支援を行なっている

・しばしば、日本の官僚は外圧を歓迎する。しかし、ここではそうあってはならない。もし米国が日本の新政権の土台を揺るがし、日本世論に反対を作り出すとしたら、普天間での勝利はあまりにも多くの犠牲を払った「ピュロスの勝利（Pyrrhic victory・115ページ参照）」と言わざるをえない

次いで、一月二十一日付ニューヨーク・タイムズ紙は「新しい日本、新しいアジア」と題するアイケンベリーとカプチャンの共著論文を掲載した。概要は以下のとおりである。

・オバマ政権は、対日政策で困惑している。米政権では一方で、ゲーツ国防長官らがより独立、自己主張をする鳩山政権に強い不快感で反応した。他方、オバマ大統領は訪

日中、日米関係は対等であるべきとの考えを示し、スタインバーグ国務副長官は新しい同盟を構築する新しい機会として歓迎している

・オバマ政権は、鳩山政権の新しい動きをはねつけるよりも、歓迎すべきだ

・選挙において投票者は、政策がワシントン製でなく、日本独自のものとなることを志向している。鳩山政権は、米軍基地が社会にもたらした悪に対処することを約束した

・鳩山政権の新しい外交の模索は、日本の新しい安全保障環境を反映している

・中国は地域関与に利益を見いだし、日本との新たな対話へ門を開放した。北朝鮮の核は対話の必要性を作っている

・日本は、冷戦後に地域統合を促進した、欧州の歩んできた道を歩みはじめている

・日本は日米関係を、ワシントンと距離をおきつつ、より強固で成熟した関係にする必要がある

・日中に、第二次大戦後に独仏が達成したような和解の機会が訪れるかもしれない。日本は、日中の和解と地域統合を推進するため、米国との同盟がもたらす安定を活用すべきだろう。自立した自己主張をする日本の方が、ワシントンの言うことに従う日本よりも、東アジアに貢献することが期待できる

さらに、米国国際関係誌で最も権威のある「フォーリン・アフェアーズ」誌二〇一〇年三／四月号は「日米同盟五〇年」と題するパッカード論文を掲載した。

・アメリカの軍は、時として、国務省や日本政府の意向を無視して、沖縄をあたかもその封建的領土であるかのように扱ってきた
・ゲーツ国防長官は、訪日の際、鳩山が抱える問題に答えようとしないで、既存の合意の実施を要求した
・もし海兵隊を沖縄に維持すべき戦略的理由があるならば、それを公表して、その当否を公開で議論させるべきである
・米国は、日本がその領土内における米軍の存在を削減しようという意思を尊重し、基地に関する協定の再交渉を支持すべきである

日本の報道機関は、ゲーツ国防長官、ルース駐日大使、キャンベル国務次官補の怒りを報じた。しかし、不思議なことに、これらのナイ、アイケンベリー、カプチャン、パッカー

ド、シーラー・スミス（外交評議会フェロー。米軍の沖縄集中を批判）の論はほとんど報じなかった。

このことが偶然か意図的かは、検証する価値がある。その結果、国民は日米関係がどうなるかに不安を抱いた。そして、世論での鳩山支持は急落し、結局、首相辞任となったのである。

普天間基地問題が日米関係全体にもたらす意義

鳩山首相が辞任したことによって、普天間基地移設問題が解決したわけでない。反対を唱える沖縄県民の動きで、緊張を続けていく。二〇一〇年五月三十一日付「琉球新報」は、沖縄での世論調査の結果として、日米で合意した辺野古周辺への移設について「反対」八四%、海兵隊の沖縄駐留について「必要ない」七一%と報じた。

普天間基地問題は移設先だけの問題ではない。在日米軍全体、日米関係全体の問題を含んでいる。特に（1）米国戦略の中の在日米軍の位置、（2）在日米軍が日本の安全保障にどう貢献しているか、（3）在日米軍の沖縄集中の問題、などがある。

米国が世界を舞台に軍隊を展開している以上、海外の基地は重要である。特に横須賀、佐世保基地は海軍にとり、極めて重要である。

米国は、米国海外基地の重要性を計る指標として、財産代替価値（PRV／Property Replacement Value）を使用しているが、二〇〇七年度の数字は、197ページ上段の表のとおりである。

前述のように日本、ドイツは世界全体の約三〇％である。かつ米国にとって重要な基地は大型基地であり、この点では日本はドイツの三倍である。日本の米軍基地は、米国にとって世界で最も重要である。

ケント・カルダーは『米軍再編の政治学』（日本経済新聞出版社）で「（アメリカの軍事資産の価値では）米軍海外施設のうち日本の占める割合は、米海兵隊では九九パーセント、米海軍では四四パーセント、米空軍では三三パーセント、米軍全体でも恒久的施設の七パーセントにのぼる」と記述している。

さらに、受け入れ国が米軍基地に対して、どれくらいの基地支援をしているかを見てみたい。197ページ下段の表である。

この数字を見れば、日本は世界の半分以上、ドイツの三倍、英国の二〇倍、これらの国々を含む全NATO諸国の一・六倍である。こうした莫大な負担が妥当であるか、日本の受ける利益と日本の与える負担のバランスがとれているのか、疑問の余地が極めて高い。

村田良平《むらたりょうへい》元外務事務次官は『何処へ行くのか、この国は』（ミネルヴァ書房）で次のように記述した。村田氏は晩年癌を患った。死を悟り、遺言の代わりに書いたのがこの本である。癌の進行は早く本は完成しなかった。後輩の英正道《はなぶさまさみち》・元駐イタリア大使が後を引き取り、完成させた。『何処へ行くのか、この国は』には次の記述がある。

「駐留費の日本側負担分は九五年に七二％となった。（中略）駐留費総額中二〇％しか負担していないドイツとの差は大きすぎる。日本の政治家と、外務、防衛、財務の各省も、在日米軍駐留経費負担は全面的に見直し、筋が通った額しか負担しないこととすべきだ。数字で計れるものではないにせよ、米軍が日本防衛のために行っている貢献と、日本列島の重要拠点を基地として全く自由に使用できることから米国が得ている政治軍事的利益を比較考量すれば、後者のほうが大きいことは明白だ。（中略）米国は日本政府に基地使用費を払い、光熱費等も米国人が日本政府へ支払うことが本来の筋だからだ」

米国海外基地の価値評価

（数値はPRV、単位は百万ドル）

世界全体			126,350
	ドイツ	全体（225カ所）	42,480
		内大型	5,139
	日　本	全体（92カ所）	36,693
		内大型	17,062
		（嘉手納：4,385、三沢：3,840、横須賀：3,745、横田：3,242、キャンプ・フォスター：1,847）	

（出典：US Military Bases in Foreign Nations According to the Department of Defense & Property Replacement Value,2007）

米国基地に対する受け入れ国支援額負担

	駐留人員数（人）	基地負担額（百万ドル）
ドイツ	72,005	1,563
イタリア	13,127	366
スペイン	2,328	127
NATO全体	106,898	2,484
日本	41,626	4,411

（出典：2004 Stastical Compendium on Allied contributions to the Common Defense）

辺野古移転推進派の都合よさ

私は一九九三年発行の著書『日本外交　現場からの証言』(中公新書)で、中国問題専門家の田熊《たぐま》氏が「周恩来いわく、情報分析には三つの分析がある――客観的、政策遂行用、宣伝用――」と教えてくれたことを記した。同時に私は、「政策遂行用の分析が最も厄介だ」と警告した。相手を動かすのに最も都合のよい理由を探し出し、そして、それをあたかも客観的分析のように提示するからである。

辺野古移転推進派は、自分に都合のよい論拠を提示した。そして、その論拠が根拠薄弱となると、次々と別の論を提示した。世論はそれらを充分に咀嚼《そしやく》する余裕がないまま、推進派の論拠が正しいだろうなという印象だけを受けた。それらに対する反論をいくつか列挙しておきたい。

まず、「民主党は国際約束を守らなければならない。そうでなければ日本は信用されなくなる」との論が出された。これに対して私は「民主国家の最重要は国民の意思尊重である」点を鳩山総理に説明した。

ついで、「普天間問題がこじれると日米関係は壊れる」との論を出した。これに対して「普天間基地は在日米軍のほんの一部で、米国は在日米軍を極めて重視し、簡単に日米関係を壊せない。ナイら米国にも同様の発言が出ている」と鳩山総理に説明した。

さらに、「抑止力の観点から海兵隊の沖縄駐留が必要だ」という論を、突然鳩山総理が発言された。

抑止力については、第六章で、中国の核兵器の脅威に対し、将来、米国は日本に「核の傘」を与えるのは難しいこと、及び尖閣諸島での日中軍事衝突の事態になっても米国は動かないであろうということを見た。

次に、「東南アジア諸国も普天間問題で在日米軍が薄くなることを懸念している」という声が出た。だが、日米安保は極東の安全保障のために配備されている。東南アジア諸国が米軍の存在を必要とするなら、自らの地に米軍を呼び込めばいい。

最大の利益受容国が、最大の便宜を図る。それが自然な選択である。二〇一〇年三月二十七日、韓国海軍の哨戒艦《しょうかいかん》「天安」が沈没、韓国政府が原因を魚雷攻撃と発表するや「朝鮮半島など、東アジアの不安定な状況に在日米軍は必要だ、沖縄駐留の海兵隊が重要な役割を果たしている」との説が出た。朝鮮半島には在韓米軍が存在している。なぜ、海兵隊がその抑止力になるのか。

さらに台湾問題では、台湾は、経済大国化する中国との良好な関係を維持することを最重視している。台湾海峡の危機は、独立志向の台湾に対して、中国が軍事力で阻止するというシナリオが最有力であった。今、このシナリオは消えた。

ＣＮＮは二〇一〇年五月一日、「中国との有事発生でも米国の参戦求めず　台湾総統が発言」との標題の下、「台湾の国民党政権を率いる馬英九《ばえいきゅう》総統は四月三十日、中国との有事が発生した場合、台湾支援で米国の参戦を求める考えはないとの立場を表明した」と報じた。

そして、「在日米軍は一体として行動する。海兵隊を切り離せない」との論が出てくる。ケント・カルダーが『米軍再編の政治学』の中で「米軍海外施設のうち日本の占める割合は、米海兵隊では九九パーセント」と記したように、世界の他地域に海兵隊の基地がないということは、地域防衛において、海兵隊が空軍、海軍と一体的に動かざるをえないものでないことを示している。

こうした論点は、次々に繰り出された。そして通常、反論は報道されない。これだけ次々に説明されると、聞いている人はどれかは本当だろうと思う。私が「政策遂行用の分析が最も厄介だ」と書いたことが、普天間問題でも現われたのだ。

今一つの問題は、集団的自衛権である。

小泉純一郎元総理は、二〇〇四年六月二十七日のＮＨＫの党首討論番組で、集団的自衛権の行使について、「日本を守るために一緒に戦っている米軍が攻撃された時に、集団的自衛権を行使できないのはおかしい。憲法ではっきりさせていくことが大事だ。憲法を改正して、日本が攻撃された場合には米国と一緒に行動できるような形にすべきだ」と述べた。

その後、日本国内で、次第に集団的自衛権の論議が進み、二〇〇七年四月、柳井俊二《やないしゅんじ》前駐米大使を座長とする有識者会議を設置し、集団的自衛権行使に関する次の四つの個別事例研究が進められた。

（1）同盟国を攻撃する弾道ミサイルをＭＤ（ミサイル防衛）システムで撃破する
（2）公海上で海上自衛隊の艦船と並走する艦船が攻撃された場合、自衛艦が反撃する
（3）陸上自衛隊がイラクで行なった復興支援活動のようなケースで、自衛隊と一緒に活動している他国軍が攻撃された際に駆けつけて反撃する
（4）国連平和維持活動（ＰＫＯ）で、海外で活動する自衛隊員が任務遂行への妨害を排除するため武器を使用する

こうした集団的自衛権をめぐる議論は、間違った印象を国民に与えている。

まず、小泉元総理が述べた「日本を守るために一緒に戦っている米軍が攻撃された時に、集団的自衛権を行使できないのはおかしい」という表現は間違っている。

現在、日米間には、一九六〇年に調印した日米安保条約がある。この条約の第五条は「各締約国は、日本国の施政の下にある領域における、いずれか一方に対する武力攻撃が、自国の平和及び安全を危うくするものであることを認め、自国の憲法上の規定及び手続に従って共通の危険に対処するように行動することを宣言する」と規定され、「日本を守るために一緒に戦っている米軍が攻撃された時には日本は行動をとること」が条約上の義務になっている。

問題は「範囲」と「場合」である。一九六〇年の安保条約では、米国は対象を「太平洋地域」とすることを求めた。これに対して日本は「日本国の施政の下にある領域」とした。さらに、一九六〇年の安保条約では「一方に対する武力攻撃」という場合に限定している。

小泉元総理が言及したことは、現行安保条約の範囲で実施されている。それをあたかも実施されていないかのような印象を与え、集団的自衛権の「範囲」と「場合」を拡大しようとしているのである。

有識者会議の範囲をみれば、「日本国の施政の下にある領域」から、世界に広げられている。さらに、安保条約では「一方に対する武力攻撃」という場合に限定しているのに対して、「ミサイル防衛のケース」、「公海上並走している時」、「イラクのような場合」としている。

ミサイル防衛に関しては、一見もっともらしい。「北朝鮮が、米国に向けミサイルを発射し、日本の上空を飛んでいるのに黙って見過ごしていいか?」という疑問である。

しかし、先にも述べたように、これは技術的に不可能なことを言っている。北朝鮮が米国にミサイル攻撃する際、その経路は最短距離をとる。地球儀で見ればわかるが、ミサイルは日本上空でなく、ロシア上空を越えて米国に到達する。ミサイルは、秒速二～三キロメートルの速度で飛んでおり、最終目的地はわからない。この状況で打ち落とせることは、まずあり得ない。

とすると、「ミサイル防衛」は、いつ行動するのか。米国上空ではない。ロシア上空でもない。ミサイル発射前に攻撃するしかないのである。米国に向かうかもしれないミサイルを攻撃すれば、当然、北朝鮮は二〇〇～三〇〇発の実戦配備されているノドンを、日本に向け発射するだろう。このリスクをとる国益はどこにもない。

次の「陸上自衛隊がイラクで行なった復興支援活動のようなケースで、自衛隊と一緒に活動している他国軍が攻撃された際に駆けつけて反撃する」は何を意味するのか。日本が純粋に復興支援をしているつもりでも、米国は敵と交戦を行なっている。純粋に復興支援をする国と、交戦をしている国とでは敵の対応が異なる。米国と一緒に交戦することで、以降日本は交戦部隊と位置づけられる。

集団自衛権を論ずる時、多くの国民は「日本を守るために一緒に戦っている米軍が攻撃された時」にも日本は守らないと思っている。それは、とんでもない誤解だ。日米安保条約で明確に守る義務が書かれている。

ただ、安保条約では、地域を「日本国の施政の下にある領域」としており、かつ、事態を「一方に対する武力攻撃」と限定している。これは当時の外務省、政治家の英知で行なった〝縛り〟である。

今、集団自衛権の議論で出てきているのは、この縛りをはずそうとする動きである。「日本を守るために一緒に戦っている米軍が攻撃された時に、集団的自衛権を行使できないのはおかしい」ということで、国民に間違った印象を与え、日米安保条約の枠をはずすことを目指している。これは、日本の危険度を飛躍的に増すものだ。

第八章

日本の独自戦略追求は可能か

かつて対米自立派が外務省中枢にいた

「外務省」と言えば「対米一辺倒」、これが今日の姿である。多くの人は「対米一辺倒」を唱えない〝まともな〟外務省員はいないとすら思っている。

手元に一つの文書がある。長く外務省で極秘文書とされたものを二〇一〇年一月二十七日付東京新聞が報道した。

「政策企画報告（第一号）

我が国の外交政策大綱

昭和44年9月25日
外交政策企画委員会

（以下内容の一部を要約）

・わが国国土の安全については、核抑止力及び西太平洋における大規模の機動的海空攻撃及び補給力のみを米国に依存し、他は原則としてわが自衛力をもってことにあたる

を目途とする

・在日米軍基地は逐次縮小・整理するが、原則として自衛隊がこれを引き継ぐ

・国連軍（国際警察軍）、国連監視団に対する協力をする。状況が許せば平和維持活動のため自衛隊派遣を実施するよう漸進的に準備を進める。

・軍縮においては日本が米国の走狗《そうく》であるとの印象を与えることの絶対ないよう配慮する」

これが外務省の書類と知って、多くの人は驚く。今日の若手外務省員だって驚くだろう。「在日米軍基地は逐次縮小・整理する」、「米国の走狗にならない」という考えを、外務省が持っていたのか。

しかも、この文書は、一人の人間が書いたのではない。外務省の要職にある人物が集まり、協議して作り上げた。この外交政策企画委員会とは何だったのか。この委員会の任務は、重要外交案件の審議・政策企画を行なうことにあった。次官ないし外務審議官（事務方ナンバー2の地位）を委員長とし、局長、参事官などごく少数の幹部で構成した。当時の外務省中枢が参画した。この動きの中心に斎藤鎮男《さいとうしずお》（官房長、駐インドネシア大使、駐国連大使、

故人）がいる。

文書は対外的に発表していない。参画した人の胸の内にしまわれた結論と言ってよい。関与した人がほとんど故人になった今、外務省関係者でこの文書の存在を知っている人は、ほとんどいない。

この「我が国の外交政策大綱」の文書は、米国依存を減少させ、自国の防衛力を高める、かつ国連との協調を図ることを原則としている。この理念は、今日の外務省とまったく違う。

今日の外務省の動きを見ると、この「我が国の外交政策大綱」は唐突に見える。「在日米軍基地は逐次縮小・整理する」とか、「米国の走狗にならない」とかの考えは、尋常な表現ではない。しかし、戦後の外務省の歴史を見ると、この「我が国の外交政策大綱」は、決して例外ではない。昭和二〇年代、三〇年代には、外務省内で「自主」の流れは強かった。

占領下にあった日本が独立する過程で、在日米軍をどのように扱ってきたか、歴史的に回顧してみたい。対米自立の流れが、いかに強かったかがわかる。戦後、要職に就いた人々が、占領時代をどのように見ていたか。

重光葵《しげみつまもる》（外務大臣・一八八七―一九五七）は『続重光葵手記』（中央公論社）で次の記述を

している。

「第二次世界戦争が従来の戦争と異て居る点は完全なる総力戦たる点である。（中略）必ずや勝者は敗者の総力を破壊することを企《くわだ》てるに相違ない。（中略）敵は日本を完全に武力解除をなし国力を制限して再び『侵略』に出で得ざる様に国の構成を変更して将来の保障を得んとするのである」

大野勝巳《おおのかつみ》（一九二九年外務省入省、一九五七年次官）は著書『霞が関外交』（日本経済新聞社）で次のように述べている。

「占領軍はわが外務省に一つの指令を出して、爾今《じこん》一切の外国との直接の接触を禁止すると命じて来た（中略）それから随分長い時間が経過した。その結果、すべての事が占領軍任せということになってしまった。日本の政治家も官僚も、外交とは占領軍当局を相手にした渉外事務に過ぎないという程度の認識しか持てなくなったのである」

大野勝巳は、この流れは占領後も継続したと指摘する。

「日米安全保障条約体制を金科玉条として万事アメリカにお伺いをたてる、アメリカの顔色を見て態度を決めるという文字通りの対米追随的態度は日本人の間にシッカリと定着したのである」

「この結果外交に必要な外交感覚などということは影をひそめてしまった。要は占領軍当局への従属関係あるいは服従関係をいかにしてうまく進めて行くか、できるだけ占領軍の良い子になろう。ということ、これが外交だというように考えられるようになり、それが一般化してしまった」

「ひとたび自主独立の精神を喪失すると再び取り戻すのがいかに難しいか想い知らされたものである」

「占領軍（米国）の良い子になろう」「ひとたび自主独立の精神を喪失すると再び取り戻すのがいかに難しいか」、それがまさに今日の外務省である。

一方で、大野勝巳は外務官僚、しかも次官にまで上りつめた人物である。その彼が「万事アメリカにお伺いをたてる、アメリカの顔色を見て態度を決める」雰囲気に強い警戒心を持っていた。

自主独立派は戦後どこへ行ったか

外務省の中に、重光葵、大野勝巳、斎藤鎮男ら、自主独立派が明確に存在したのである。これらの人々は、戦後どういう動きをしたか。

第一の山場は、一九五一年のサンフランシスコ講和条約を巡る動きである。米国は講和条約締結と同時に、米軍の駐留を認める日米安保条約の締結を意図した。

この動きの中で、外務官僚は、日米安保条約での米軍駐留と占領軍の駐留との間を切り離したいとの強い意識を持っていた。そのための方策は、米軍駐留を国連と結びつけることである。

一九五〇年十月四日、日米関係に関する外務省内の最初の案が作成された。ここでは「国際連合との結びつきをできるだけ、密接且《か》つ具体的にすること」が強調された。米軍の駐留を国連の委託を受けたものにする、それによって、米国の動きに枠をはめようとした。

しかし、米国は当然、こうした枠を嫌う。最も顕著な形で出てきたのがダレスである。一九五三年に国務長官になるダレスは、対日交渉の責任者であった。一九五一年一月二十六日、日本との交渉に先立ち、ダレスは、最初のスタッフ会議において「我々は日本に、我々が望むだけの軍隊を望む場所に望む期間だけ駐留させる権利を獲得できる」（豊下楢彦『安保条約の成立』）かが問題であるとした。

この時期、上記のダレス的な在日米軍の在り方に歯止めをかけようとした外務省員には、次の人物たちがいる（括弧内は主要ポスト）――西村熊雄《にしむらくまお》（条約局長）、太田一郎《おおたいちろう》（当時次官）、高橋通敏《たかはしみちとし》（条約局長）、後宮虎郎《うしろくとらお》（アジア局長、駐韓国大使）。

しかし結局は、吉田茂《しげる》総理が責任を一身に集める形で、講和条約と同時に、日米安保条約に調印することとなる。この条約に対して、ダレスは「フォーリン・アフェアーズ」誌一九五二年一月号で、「米国は日本を守る義務は持っていない。間接侵略に対応する権利は持っているが、義務はない」と述べた。

吉田総理の決断はその後、「安保条約を基礎において日本は経済発展の基礎をつくった」として、前向きな評価がなされている。問題は安全保障条約をダレスの主張を飲む形でなく、米国の恣意的動きを食い止める方向で、交渉を妥結する可能性がなかったかである。恐らく可能性は存在したはずだ。もし、それを実現していれば、従属体質は緩和されていただろう。

次いで、日本が米軍撤兵で正式に交渉したのは重光葵外務大臣である。この事情は坂元一哉《さかもとかずや》著「重光訪米と安保改定構想の挫折」論文に詳しい。以下にまとめる。

「1955年7月21日アリソン大使はダレス長官に機密扱いの電報を送り、重光から私的かつ非公式なレベルで安保改定についての具体的な提案が出されたことを報告した。重光提案の内容は、このアリソン電報と提案を要約してその利点と問題点を説明した国務省内のメモによって知ることができる。

一：米国地上軍を6年以内に撤退させるための過渡的諸取り決め

（米側コメント：緊急時に米軍を送り戻す権利を維持することである）

二：米国海空軍の撤退時期についての相互的取り決め、ただし、遅くとも地上軍の撤退完了から6年内

（米側コメント：一般的に米国海空軍は日本に無期限に維持されることになるだろうと考えられてきた。我々は日本側の提案に合わせるよりもかなり有利な取り決めを手に入れたいところである）

三：日本国内の米軍基地はNATO諸国と結んでいる諸取り決めと同様な取り決めのもとで、相互防衛のためだけに使用されること

（米側コメント：基地使用の明示的な制限は明らかに好ましくない）

四：在日米軍支援のための防衛分担金は今後廃止する」

重光外相は八月三十日にダレス国務長官と会談する。重光外相は、米側に対して当初予定していた全面撤回の「全面」は削除している。この背景として、『続重光葵手記』（中央公論社）は、天皇陛下の言葉を紹介している。

「八月二十日　渡米の使命に付《つい》て縷々《るる》内奏、陛下より日米協力反共の必要、駐屯軍の撤退は不可なり、又、自分の知人に何《いず》れも懇篤な伝言を命ぜらる」

重光外務大臣は、内閣崩壊に伴い辞任し、一九五七年一月急逝《きゅうせい》した。

日本は米国の「保護国」である

一九六〇年、安保条約は改定された。その時、日本は、在日米軍の在り方については踏み込めなかった。変更はなかった。米側は、「我々は日本に、我々が望むだけの軍隊を望む場

所に望む期間だけ駐留させる」としたダレスの方針が、現在でも生きていると思っているであろう。

その意味で、鳩山総理が普天間基地問題で「最低でも県外」とし、「国外移転」に含みを持たせたのは、異例である。別の角度で見れば、米軍の従来路線への根本的挑戦である。それだけに、米側には、この流れを潰す理由があった。そして成功した。

他方、対米従属と異なる思想は、外務省外にも存在した。政治家、それも指導者たる首相たちである。

「国民は祖国を自分の力で守る気概がなければならない」（重光葵、一九五三年三月二十二日付朝日新聞）

「日本の安全は独立国である日本自らその任にあたるべきが当然である」（鳩山一郎、一九五三年三月二十三日付朝日新聞）

「他国の軍隊を国内に駐屯せしめて其の力に依って独立を維持するというが如きは真の独立国の姿ではない」（岸信介、『岸信介回顧録―保守合同と安保改定』廣済堂出版）

彼らはこうした見解を持っていた。

学者では、第三代防衛大学校長、猪木正道《いのきまさみち》がいる。孫の内田優香《うちだゆか》が自分のブログで「祖父（猪木正道）は今でこそ国際政治学における保守主義の大御所のように言われる」と言うように、保守派の中心的論客である。彼は『若きサムライのために』（三島由紀夫との対談・文春文庫）で次のように述べている。

「佐藤首相が六七年にジョンソン大統領と会って帰ってから、安保堅持ということを大きな声でいうと同時に、自分の国は自分で守らなきゃいけない、といった。これは大変な矛盾であって、しかもいったご本人はそれに気づいていない」

「安保こそ、自分の国を自分で守ろうという気概を抑えている最大の要因の一つだ」

また、当時の新聞界を代表する論客、笠信太郎《りゅうしんたろう》は次のように記述している。

「日本の「安全」は、やはりひとの手のうちにあるのではなく、いよいよ自分自身の手によって保持されねばならぬということは、確信を強められるばかりである」（『日本の

姿勢』南窓社）

さらに、大内兵衛《おおうちひょうえ》東大教授は次のように述べた。

「他国の軍隊をもって守られる国は、独立国ではありません。保護国であります。（中略）日本の自衛隊は、外形上はもちろん独立でありますけれども、機能上はアメリカに従属しております」（『日本の曲り角』文藝春秋新社）

日本人は、「日本は米国の保護国です」と言うと、「そんな馬鹿な」と思うであろう。しかし、「保護国」という言葉を使うか否かは別にして、「日本は米国に従属している」という考え方は、米国に根強い。

国家安全保障問題担当大統領補佐官といえば、米国では安全保障問題で第一人者の座である。第二次大戦以降、米国の安全保障関係で強い影響力を持った人物は多い。カーター大統領時代、ブレジンスキーがこの座にいた。

二〇〇八年の米国大統領選挙中、ブレジンスキーは、オバマ大統領の外交ブレーンであった。当時オバマ候補は、演説でブレジンスキーを「最も卓越した思想家の一人（one of the most outstanding thinkers)」と呼んだ。それほどの人物である。

この彼が著書『The Grand Chessboard』の中で、**日本をアメリカの「安全保障上の被保護国（a security protectorate)」と書いている。**オックスフォード辞典はProtectorateを「外国に支配され、保護されている国」と定義づけている。

また、「Encyclopedia of the New American Nation」というウェブサイトの「第二次大戦以降の米国の保護国（U.S. protectorates since world war ii）の項では、「日米安保条約の下では日本は確かに米国の保護国である」と記述されている。

「The New Republic」誌（注・リベラル系）は、二〇〇九年十一月十三日付で「日本――保護国から同盟国へ？（Japan: From Protectorate to Ally?)」と題する記事を掲げ、「オバマ大統領は金曜日に東京に着き、同盟国となろうとする国に直面する。なぜなら、日本は米国の同盟国であったことはない。最初はライバルで、次いで敵となり、戦後米国の保護国となった」と記した。そして、著名なウェブサイト「Real Clear Politics」がこの論文を転載した。

つまり、この記事を多くの米国人が読んでいる。そこで特に反論は見られない。これらのことは、米国人の考え方を示していると言えよう。

日米一体派の論理とは

日本が独自の道を模索する是非を考える時、日米一体派がいかなる論拠を持っているかを見る必要がある。一体派の論点を整理してみると、大きく三つに分類できる。

(1)「強いものにつくのが日本の生きる道」論（西側リーダーへの追随説）

・吉田茂（元総理）

「日本は米英と行を共にしながら栄え、米英に背を向けて破滅したといっても必ずしも過言でないのである」（『回想十年』中公文庫）

・福田恆存《ふくだつねあり》

「とかく強国のはうが得をしやすい。それをいちおう認めたうへで、日本はアメリカと協力しては、なぜいけないのか」「いまのところアメリカと協力したはうがいいとおもつてゐます。しかし、これは絶対的なものではない」（「平和論に対する疑問」――『日本を思ふ』文春文庫所収）

（ただし、米国がどの程度頼りになるかについては別に考えていたようである。佐藤松男《さとうまつお》氏は「文藝春秋」二〇一〇年八月号の「的中した予言」における「福田恆存」の項で「福田氏は『防衛論の進め方についての疑問』の中で、『アメリカが助けに来てくれる保證はどこにもない』とはつきり述べてゐます」と記述している)

・岡崎久彦（元駐タイ大使）

「七つの海を支配しているアングロ・アメリカン世界との協調、明治開国以来これ以外に絶対ない」（「日米同盟の命運を徹底検証する」中央公論二〇〇九年七月号）

・萩原《はぎわら》徹《とおる》（元駐仏大使）

「民主主義陣営の強化こそ、世界戦争を回避する所以と考えている。この考えが正しいとすれば、日本も又、民主主義陣営の強化に協力することは平和の維持に協力することである」（『講和と日本』読売新聞社）

・栗山《くりやま》尚一《たかかず》（元次官）

「国際秩序を構築し、維持していくために必要な軍事力を含む総合的な国力を有する国は予見しうる将来アメリカ以外には見当たらない。日本のパートナーは如何なる脅威からも平和を守る強い軍事力を持つ国であることが必要である」（『日米同盟　漂流からの脱却』日本経済新聞社）

・岡本行夫《おかもとゆきお》（外交評論家・元外交官）

「日米安保条約は、簡単な仕組みの条約である。第五条に、日本に対する攻撃はアメリカに対する攻撃とみなすという趣旨のことが書いてある。だから、どこの国も日本を攻めてこない」（『さらば漂流日本』東洋経済新報社）

・北岡伸一《きたおかしんいち》（東京大学教授）

「現在の世界で安全を維持するためには、最強の国家アメリカとしっかり結びつくことが重要である」（『日本の自立』中央公論新社）

（2）日本無力説

・吉田茂（元総理）

「戦力なき日本としてはそれ（日米共同防衛体制）以外に方法なかりし国防体制だったのである」（『回想十年』）

・下田《しもだ》武三《たけそう》（元次官）

「日本が自衛のためにできる限りの努力をすることは、独立国である以上もとより当然であるが、同時にそれでも足らざるところは米国のような強大な友好国の援助にまたなければならない」（『戦後日本外交の証言』行政問題研究所）

（3）海洋国家論

・太田文雄（防衛大学校教授）

「島国や半島国家は、同じ海洋国家、特に海軍強国と友好関係を結んでおくべきであるという日本の国家戦略が浮かび上がってきます」（『同盟国としての米国』芙蓉書房出版）

こうしてみると、「強いものにつくことが得、ないし安全である」という判断が主たる論拠である。この論理は次のような問題点を有している。

・米国の相対的力が落ち、中国は近い将来経済力で米国を抜くことが予測される。その際、日本は、強い国中国の「保護国」になるのであろうか。

・歴史的に「保護国」的存在で長期間、独立と繁栄を維持した例があるだろうか。日本が例外とすれば、何ゆえなのか。

・日本は、一九八〇年代、米国を経済的に凌駕《りようが》する可能性を持った。米国はその危険を察知するや各種手を打ち、日本が経済的に米国の上になるという事態は消えた。日本が「保護国」でありながら一時期繁栄したのは、歴史の一《ひと》コマにすぎない。

・「保護国」内では、従属する機構、支配体制、精神構造が形成される。「保護国」内の人間が、宗主国の意向を察知し、行動するようになるのである。今日、日本においては、政治家、経済界、官僚機構、報道界において、日米一体を主張する強固なグループが形成されている。この動きが一番深刻なのではないか。普天間問題でも、まさにこれが機能した。

こうした論理を見て、気づくことがある。本書ではマクナマラの戦略システムを何回か見てきた。その流れは、(A) 外部環境の把握→(B) 自己の能力の把握→(C) 生き残りの問題設定→(D) 情勢判断(敵との比較)→(E) 戦略比較→(F) コスト管理、である。

日米体制の堅持を主張する人々の論で、マクナマラの戦略システムの流れに沿って、「外部環境の把握」を行ない、「自己の能力の把握」をし、いくつかの戦略を提示して「戦略比較」をする、こうした深い洞察をしたものは見られない。日米一体を主張する人々が、他の選択と戦略比較をしているのに接したことは、ほとんどないのである。

ならば、日米関係重視派の論拠は、「信仰的判断」とでも表現すべきものではないだろうか。

核兵器の保有は日本にとってプラスか?

米国国防省の『中国の軍事力二〇〇九年』は、日本列島全体を射程距離内に収めているミサイル「東海10」の基数は一五〇〜三五〇、その発射基数は四〇〜五五と推定している。今後ますます強化されるだろう。北朝鮮のミサイル、ノドンの配備は三〇〇を越えたと言われている。また、北朝鮮では核兵器開発も進行中である。

かつ、中国が米国向け核搭載ミサイルを大量に持てば、米国の核兵器による「核の傘」の効果はなくなる。

こうした中、当然、日本が独自の核兵器を持つべきだという論が出てくる。

『岸信介回顧録』には次の記述がある。

「私は兼摂《けんせつ》外相として外務省記者クラブで会見に応じた。（中略）核兵器の問題については次のように発言した。（中略）

現憲法下でも自衛のための核兵器保有は許される。（中略）日本も近代戦に対処しうる有効な自衛力を持たなければならない。将来通常の兵器は役に立たなくなる場合も考えなければならない」

岸だけでなく、自民党の右派と言われる人々は、しばしば日本独自の核兵器保有論を展開した。

学界でも、中西輝政《なかにしてるまさ》京大教授は『「日本核武装」の論点』（ＰＨＰ研究所）で次の主張をした。

・核保有を公言している北朝鮮のような体制の国で、米国に到達可能とされるミサイルが発射されたということは、米国がますます自国防衛を優先し、日本防衛をできないことを意味する

・冷戦終焉《しゅうえん》以降、米国は日本を守る必然性が薄れた

・ミサイル防衛では核抑止力にならない

・核攻撃の脅威に対しては、やはり核による抑止しかない

中西教授の論点に反論するところはない。各々の論点は正確である。では、日本として、独自の核兵器保有の道を歩んだら良いのであろうか。私自身、一九八六年にハーバード大学国際問題研究所研究員として最終報告を書いた時は、日本独自で戦略潜水艦を保有し、核兵器を持つのも選択肢だと記述した。

しかし、現在は、独自の核兵器保有には反対である。それには、いくつかの理由がある。第一に、核保有国同士の戦争は、いったん戦争が起こると、核戦争となる可能性が高い。第二に、日本は都市に人口機能が集中している。通常、核戦争の際には、敵の中枢部への攻撃となる。戦争の契機が何であれ、東京などの都市が壊滅する危険に値する理由はない。

第三に、抑止として機能するには、敵国の機能の七〇～八〇％の破壊能力が必要とされる。日本はこの能力を持てない。したがって、日本の限られた数の核兵器が、抑止として機能する可能性が低い。

第四に、核開発を志向する国は、潜在的敵対国から核攻撃される可能性が、そうでない国より高い。米国は、ソ連が大量の核兵器を保有する前には、ソ連攻撃の可能性を検討した。核開発を志向する北朝鮮、イランは、どこの国よりも米国からの攻撃の可能性が高い。

また、それらの理由とは別に、最近、私は懸念していることがある。米国の保守派に、日本に核兵器を持たせ、中国、北朝鮮に対峙させようという構想が出てきているのだ。

一九七〇年代末、欧州とソ連に中距離ミサイルを配備する動きがあった。これが実施されると、欧州とソ連がミサイルを撃ち合い、米国は圏外というシナリオができる。ドイツ関係者は驚愕《きようがく》した。この時以降、西独はソ連との緊張を減少させる独自の戦略を展開した。

これと同じように、米国内に、日中が核兵器で撃ち合うシナリオを歓迎する勢力が出ている。

二〇〇三年、イラク戦争が直前に迫った時期、米国保守派から、日本の核武装を支持する見解が出された。三月十七日付朝日新聞夕刊は、チェイニー副大統領が「日本が核問題を再検討するかどうか考慮を強いられるかも知れない」と述べたと報じた。

この流れは変わらず、二〇〇六年十月十日、マケイン上院議員（二〇〇八年大統領選挙共和党候補）は、フォックス・ニュースの番組「ハニティとコルムズ（Hannity & Colmes）」で日本の核武装の可能性を聞かれ、「日本は再軍備しなければならない（Yes, the Japanese would have to rearm.）」と述べている。

かつて、米国の保守派は日本の核武装を怖がった。今は、日本に対する恐怖はない。日本に核兵器を持たせ、それを北朝鮮、中国に向けて使用させることを考えている。

今日、日本の安全保障政策は、米国に言われるままで、まったく抗する力を持っていない。日本が核兵器を持てば、米国に指示されるとおり、中国・北朝鮮に使用せざるを得なくなり、壊滅的反撃を受ける可能性がある。核兵器を持った日本が、この米国の指示に抵抗できるとは思わない。

そして、日本でも、日米一体論を強硬に説く者が、核武装を言及しはじめた。極めて危険な傾向である。

以上の理由で、私は日本の核保有に反対である。

日本の歩むべき道のモデル

核兵器の使用を、国際的合意によって阻止させる動きはどうなっているか。実は、一九六〇年代、日本はこの動きの中心にいた。

一九六五年、米国は核不拡散を積極的に推進する方針を固め、ソ連、英国など核保有国の合意が成立した。この中、日本はどう対応したか。今日の日本外交は米国の核不拡散政策を積極的に支持する他、特に目立った動きをしないが、一九六〇年代には、まったく異なった動きをしていた。

一九六六年二月十八日、朝日新聞は、次のような下田武三外務次官発言を報じた。

「核を所有する国が、自分のところは減らそうとせず、非核保有国に核を持たせまいとするのはダメで、このような大国本位の条約に賛成できるはずがない」

「『他国の核の傘に入りたい』などといったり、大国にあわれみをこうて安全保障をはかるなどということは考えるべきではない、と私は考えている。現在の日本は米国と安全保障条約を結んでいるが、日本はまだ米国の核のカサの中にはいってはいない」

時の外務次官が、このような発言をしている。今日ではとても考えられない。

この思想の下、日本は、（1）核保有国の軍縮義務、（2）非核保有国の安全保障を確約させる、（3）原子力の平和利用を妨げないこと、の三つを積極的に推進する。この動きは、一九六八年六月十九日、次の項目を含む「非核保有国の安全保障に関する安保理決議」として結実する。

「非核保有国に対する核兵器による侵略又はそのような侵略の威嚇は、安保理特に核保有国である理事国が国連憲章に基づく義務に従って直ちに行動しなければならない事態を生じせしめるものであることを認める」

日本に対する「核の傘」と、国連で非核保有国に対する核攻撃を行なわないと決議することと、どちらに実効性があるか。すでに見たように、「核の傘」の実効性は薄い。他方、国連決議を破れば、すべての非核保有国を敵にすることとなる。

一九六〇年代、日本は国連で「非核保有国に対する核兵器による侵略又はそのような侵略の威嚇」を阻止する決議のために動いた。この分野で日本が先頭に立つのは、世界の誰もが理解する。日本の歩むべき道のモデルである。こうした伝統がなぜ外務省から消えたのか。まだ、私には正確なところがわからない。

第九章

現在の安全保障上の課題を考える

日米同盟の変化にどう対処すべきか

日本の安全保障をめぐる環境は今、大きく変わりつつある。

まず、米国に関してである。前に述べたように、米国は日米同盟を、（1）対象地域を極東から世界全体へ、（2）理念を主権尊重、武力使用の抑制を基本とする国連憲章から、国際安全保障環境の改善のために積極的に軍事行動をする方向へ、それぞれ変革しようとしている。

また、中国に関して言えば、中国が大国化することは不可避である。もちろん、国内の地域格差は深刻である。環境問題もあり、水資源の不足もある。しかし、経済発展が進むことは間違いない。一試算に基づけば、中国のＧＤＰは購買力平価ベースで、二〇二〇年には日本の四倍、三〇年には五倍、かつ米国を上回る。百数十年ぶりに日本は、日本より強力な中国と隣り合わせになる。当然、米国は東アジア戦略を変化させる。

北朝鮮に関しては、ミサイル・核兵器開発を一段と進める。北朝鮮の対日発言は先鋭的である。日本は、憲法前文の「平和を愛する諸国民の公正と信義に信頼して、われらの安全と生存を保持」することだけでは限界がある。

こうした課題に、日本はどう立ち向かえばよいか。

まず、米国が日米同盟を変革させようとしていることに、どう対処すべきかを考えてみたい。

一九六〇年当時、日本の政治家、外務省は知恵を絞り、安保条約の改定に際して、第一条に「国連憲章の目的と合致しない他のいかなる方法によるものを慎む」との表現を入れた。米国軍の日本に駐留する目的を、日本と極東の安全保障とした。この英知は意味を失ったのだろうか。

国連憲章は、主権の尊重と武力の抑制を強く求めている。主権の尊重は、〝主権下で公正な政治が行なわれる〟からではない。戦争はあまりに犠牲が大きい。これを避けるために、正しい、正しくないで戦争をするのは止めようとする、戦争回避の知恵である。出発点は、ドイツ人口の三割、成人男性の五割を失った、三〇年戦争の後で結ばれたウェストファリア条約（一六四八年）である。この英知は、今日でも意義を失っていない。

現在、米国が実施しているイラク戦争やアフガニスタン戦争で、どれくらいの現地の人々が死亡しているか。イラク戦争では、一〇万人以上のイラク人犠牲者が出たと推定されている。この犠牲を正当化できる理由は、どこにもない。

米国が目指す攻撃は先制攻撃である。この先制攻撃がどれだけ正当化できるか。

イラン、北朝鮮などの不安定な国は、何をするかわからない。アルカイダなど非国家主体がテロ行為を行なっている。だから、先制攻撃をする必要性があると説かれている。しかし、イラン、北朝鮮などの不安定な国であっても、体制・国家を維持したいとの考えは強く存在する。キッシンジャーは『核兵器と外交政策』の中で次のように述べた。

・核保有国間の戦争は、中小国家であっても、核兵器の使用につながる
・核兵器を有する国は、それを用いずして全面降伏を受け入れることはないであろう。一方で、その生存が直接脅かされていると信ずるとき以外は、戦争の危険を冒す国もないとみられる
・無条件降伏を求めないことを明らかにし、どんな紛争も国家の生存の問題を含まない枠を作ることが、米国外交の仕事である

これらの教訓は、今日でも有用である。イラン、北朝鮮の核兵器が不安であれば、何よりも重要なのは、外部から体制を崩壊させる行動はとらないことである。真珠湾攻撃で第二次世界大戦に突入した我が国は、国家が追いつめられれば、とんでもない行動に出ることを、

一番よく知っているはずである。

非国家のテロ集団は抑止が利かず、政治的協調ができないといわれる。しかし、重要なことは、テロ集団も政治目標を持っているという点である。

米国同時多発テロの責任者とされるオサマ・ビン＝ラディンも「サウジアラビアはメッカ・メジナというイスラムの聖地を持つ。その聖地に異教徒の軍隊の駐留は許されない」として、米軍のサウジアラビアからの撤退を求めた。米国は二〇〇三年、イラク戦争開始前にサウジアラビアから米軍を撤退したが、もし、一九九六年の段階で撤退していれば、米国同時多発テロは発生しなかっただろう。

イスラエルに対するテロ行為を繰り返すハマス・ヒズボラも、パレスチナ国家の独立など明確な政治目的がある。政治目的が達成できればテロは生じない。したがって、政治目的の妥結ができないかを探ることが先決である。多くのテロ集団の掲げる政治目的は、妥協が可能である。テロとの戦いの前にまず、政治的解決を真剣に図るべきである。

この中、対米協力の基本は次のようにすべきだと考える。

(1) 国際社会において、非理性的行動は依然存在する

（2）日本の安全保障政策上、日米協力は重要である

（3）危機時の国連機能は、依然有効である。したがって日本は、国連の世界平和構築に参画する。ソマリアの海賊対策など、国際社会で一致した明白な要請があれば協力する

（4）日米協力は重視するが、次の場合は共同行動を慎む

・主権の尊重、軍事力使用の抑制を基本理念とする国連憲章と異なる時

・国際法の尊重、協調・外交努力が、まだ充分になされていない段階で、軍事力の使用を優先する時

・国際社会全体が、武力行使の必要性を未だ認めていない時

・自衛隊及び日本の本土が日本の近隣諸国に対し先制攻撃に利用される時

中国の巨大化によって変わる日米同盟

次に、中国に対してはどうすべきかを見てみたい。

二〇一〇年七月三日の朝日新聞は、二〇一〇年に中国はGDPで日本を確実に抜くと報じた。中国は日本を抜き、さらに、米国も抜くだろう。二〇一〇年五月、内閣府は『世界経済

の潮流』を発表し、二〇三〇年の世界のGDPシェアを、中国二三・九%、米国一七・〇%、日本五・八%と予測した。近い将来、中国のGDPは日本の四倍規模になる。

米国でも同様の予測がなされている。「フォーリン・アフェアーズ」誌二〇一〇年三／四月号のファーガソン（Niall Ferguson）による論評は、中国のGDPが、二〇二七年に米国のGDPを抜く可能性を指摘した。これは難しいことでない。中国の人口は米国の四倍である。したがって、中国の一人当たりGDPが米国の四分の一になればよい。CIAの「THE WORLD FACTBOOK」は、購買力ベースで米国の四分の一の国に、レバノン、メキシコ、ブルガリアを並べている。中国がこれらの国並みになるのは、充分可能である。

二〇〇七年における世界の軍事費は、米国五四七〇億ドル、中国五八三億ドル、日本四三六億ドルであるが、中国は米国水準を志向する。他方、日本の軍事費は、GDPの一%程度で推移するだろう。その際、中国の軍事費は日本の一〇倍となる。

中国の経済が米国並み、日本の四倍、軍事費が日本の一〇倍という事態に直面した時、いかなる変化が生ずるか。

中国の巨大化によって、日米関係が大きく変化する。米国にとって、東アジアで最も重要な国は日本ではなくなり、中国となる。

米国国家安全保障会議アジア部長の地位にもついた、日本関係の専門家マイケル・グリーンは、二〇〇二年の論文「力のバランス」で、日米同盟にとって「破壊的シナリオ」があるとして「何十年か先、中国のGDPが日本を追い越したりすれば、ワシントンにとって日米同盟の重要性が劇的に低下することは考えられない事ではない。一九九〇年代後半日本のGDPが失速したとき、クリントン政権が東京を差し置いて、中国との『戦略的パートナーシップ』を強調したときのやり方が、その可能性を明白に示している」と記述した。

外務省が二〇一〇年六月一日発表した、米国世論調査での「アジアにおける米国の最も重要なパートナー」は、一般の部では、日本と中国が四四％で同率一位、有識者の部では、五六％で中国が一位、三六％で日本が二位となり、中国が上回った。この逆転は、一九八七年以降初めてである。

マイケル・グリーンの予測は極めて正確であった。中国のGDPが日本のGDPを上回るにつれ、米国の中国重視は加速されていく。

米国が中国を重要視しなければならない理由として、特筆すべきことが二つある。

一つは、外貨準備高である。二〇一〇年三月末時点の中国の外貨準備高は、二兆四四七一億ドル（四月十二日付ロイター報道）、一方、日本は一兆四二七億ドルである。

今一つは、核兵器の管理である。中国が大陸間弾道弾の数を増し、米国を完全に破壊できる能力を持つと、米中は、お互いに先制攻撃を行なわないことを確約する「相互確証破壊戦略」を採用せざるを得ない。

中国の体制がいかなるものであれ、金融を中心とする経済関係、核兵器の管理を中心とする安全保障関係で、米中は双方の存続に致命的意味合いを持つ相互依存関係を築かざるを得なくなる。

実際、二〇〇九年四月米中首脳会議の際に、米中戦略・経済対話を持つことが決定され、閣僚レベルでの戦略対話、経済対話が開始されている。今日、政治レベルでの米中対話の密度は、圧倒的に日米の上にある。

日本が中国に対してとれる最大の抑止とは

こうした中、中国に対し、日本はどう行動すべきか。

日本はまず第一に、日本の隣りに、日本よりはるかに巨大な軍事・経済大国が位置することを自覚すべきである。これは、日本人にとって容易でない。明治維新以降、日本人は弱い中国に慣れてきた。代表的なのは福澤諭吉著とされる「脱亜論」（一八八五年）である。

「支那、朝鮮は今より数年を出でずして亡国と為る。支那、朝鮮は我日本国のために一毫の援助と為らざる」

「その（亜細亜の）伍を脱して西欧の文明国と進退を共にし、西洋人が之に接するの風に従いて処分すべき。我が心に於て亜細亜東方の悪友を謝断すものなり」

しかし、現在こうした認識では、事実を見誤る。元大蔵省銀行局長で早稲田大学教授の西《にし》村吉正《むらよしまさ》氏が、中国の台頭を前に、「中央公論」二〇〇八年一月号掲載の「脱・脱亜入欧のすすめ」で説いたように、「脱亜論」からの脱却をしなければならない。

第二に、軍事面で米国に依存していても、**米国は日本との関係より、中国と軍事的衝突を避けることを優先する。**すでに米国は、尖閣諸島の領有権で中立の立場を鮮明にしている。今後予想される米中の相互確証破壊戦略の下、「核の傘」はない。日本は自ら、自国の安全保障を考えざるをえない。

そのためには、中国が「どのような理由で日本を武力攻撃する可能性があるか」「いかなる手段で攻撃するか」「どう防ぐか」を具体的に考える必要がある。まず、島をめぐる領有権の争いが想定される。パトロールの強化、島周辺への海上自衛隊の常時配備が求められる。

第三に、中国の安全保障の根幹は、「対米国」にある。その中心は核戦略となる。中国は、ＩＣＢＭ（大陸間弾道弾）とＳＬＢＭ（潜水艦発射弾道ミサイル）を開発し、米国の攻撃を受けても核兵器を残存できるよう、海軍を増強していく。同時に、米中双方は互いに先制攻撃をしないことを確約する。中国軍部の中枢に、「いかに相手を壊滅させるか」から、「いかに互いに攻撃しあわないか」を考える戦略が定着する。

中国海軍が太平洋に進出する最大の理由は、対米核抑止力を確保することにある。日本は、この米中間の戦略競争の中に入るべきでない。

第四に、経済大国の道を歩む中国の国家戦略の中で、対外的に軍事行動をとるウエイトは高くない。米国国防省による年次報告『中国の軍事力二〇〇八年』は次の論点を示している。

・政権の生き残りが中国の戦略的展望を形成している
・政権の正当性の基盤として、経済成果とナショナリズムがある

・中国政府は反日、反米の世論操作を行なったが、抗議が始まれば制御困難となる

・中国としては政権維持のため、国民の経済水準を上げることをほぼ唯一の策としているが、そのためには、二国間関係及び多国間協調を世界規模で強化する必要がある

これらの中でも、四番目の指摘は極めて重要である。

中国の対日輸出額は、一一兆円（二〇〇九年）である。日本への軍事的攻撃は、この巨大な市場を失うことである。

抑止は「相手国に対して攻撃以上の打撃を与えることを担保することによって、攻撃を防ぐ」ことである。この「打撃」は通常、軍事的打撃に限定して議論する。しかし、「打撃」は軍事的手段に限らない。経済分野であっても、攻撃で得られる利益よりも大きい被害を被れば、抑止は働く。

第一章で、フランス戦略家ボーフルの「闘争を続けることの無益さ、精神的損失の大きさなどを相手に悟らせることができるのならば、対立は決着する……このことから、軍事的手段だけでなく非軍事的な手段の中から、その時々の状況に応じて最適なものを選」ぶという考えを紹介した。

二国間における戦争の可能性の有無
——リアリズムと複合的相互依存

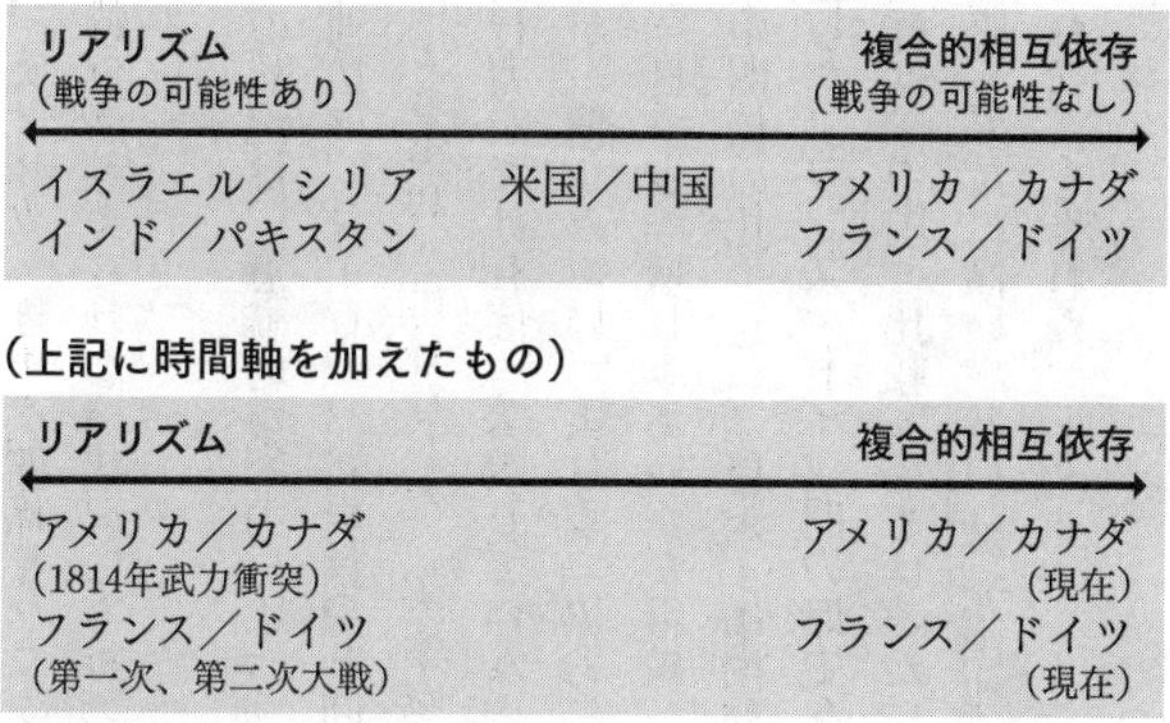

二国間関係がリアリズムであるほど戦争の可能性が高く、複合的相互依存であるほど戦争の可能性は低い

ボーフルの言に倣い、日本という市場を失うことが、中国の体制を揺さぶることにつながるような関係を構築し、それを中国に認識させることが、抑止となる。

ジョセフ・ナイ教授は『国際紛争』で興味深い対比を行なっている。検討対象は「リアリズムと複合的相互依存関係」である。ナイはリアリズムの特徴を（1）国家が唯一の重要な主体であること、（2）軍事力が優越的な手段であること、（3）安全保障が主要な目標であること、とした。この特徴のすべてを逆にすることが可能であり、それを「複合的相互依存関係」とした。そして、リアリズムと集団的相互依存関係の興味ある図を示した（上図）。

今日、アメリカ・カナダ関係やフランス・ドイツ関係は、「複合的相互依存関係」として、互いの戦争は考えられない状況にある。しかし、時間軸を広げると、常にそうだったわけではない。

今日の状況は、意識的な努力によって構築された。特に、フランス・ドイツ関係がそうである。独仏は、ヨーロッパ石炭鉄鋼共同体条約（一九五二年）を契機に、「憎しみあい」から「協力による実利」に移行した。実業家ジャン・モネや政治家ロベール・シューマンの構想力と実行力がなければ、実現していない。

独仏が「憎しみあい」よりも「協力による実利」に国民を誘導する努力を行なっていなければ、今日でも「憎しみあい」が継続していた可能性がある。終戦当時の独仏の憎しみあいは、日中関係の比でない。日本・中国関係も、憎しみあいを越え、「複合的相互依存関係」を樹立したフランス・ドイツ間の歴史を学ぶべきである。

北朝鮮は、中国と比較してもはるかに戦闘的である。同時に、自分たちが攻められるという危機感も異常に高い。谷口誠《たにぐちまこと》元国連大使（経済・社会担当）が、この北朝鮮について、示唆に富む発言をされた。

「自分が国連大使時代の一九八七年十一月に、大韓航空機爆破事件（飛行中爆破された事件。北朝鮮の工作員が実施したとみられている）が起こった。当時、政治担当の国連大使が未着任であったこともあり、国連安全保障理事会で北朝鮮への制裁決議を行なうように、自分が関係国に働きかけた。その時ソ連大使が次の発言をした。〝北朝鮮は国際社会から完全に孤立している。孤立した国がどんなに危険かは、我々がよく知っている。ソ連もかつて完全に孤立した。その時は、極めて危険な軍事行動をとる可能性があった。今、北朝鮮はその状況の中にある。北朝鮮を孤立化させるのは危険だ〟」

谷口元大使は、国際機関で北朝鮮問題をしばしば扱ってこられている。谷口元大使は「多くの国は、北朝鮮を国際社会に組み込むことがいいと見ている。その中、日本は、北朝鮮に対しては突出して厳しく動いてきた。そのことが将来どういう影響を与えるか、日本は真剣に考えておく必要があります」と指摘されている。

北朝鮮との関係で最も重要なことは、日本に対する攻撃をさせないことである。この中、我が国が取るべき政策は次のものである。

(1) 北朝鮮の最大の懸念は軍事的攻撃をうけ、自国、ないし体制の崩壊を図られることである。したがって、北朝鮮の体制崩壊を軍事的に図ると見られる行動は慎む。
(2) この間、北朝鮮が外部に対し、害を与えないような包囲網を作る。ソ連時代の、悪の輸出は許さないとする封じ込め政策と同様の政策をとる。
(3) 長期的自壊を待つ。
(4) あわせて、できるだけ北朝鮮を国際社会の中で孤立させない状況を作る。
(5) 経済的に、国際社会の中に組み込む。これによって、中国と同様、北朝鮮が軍事的行動を行なうことによって被る打撃が、軍事的行動による利益よりも大きい状況を作る。

いかにして自らを守る戦略を作るか

筆者は二〇〇九年夏、中央公論編集長の司会の下、外務省時代のかつての上司、岡崎久彦氏と二人で論争を行なった。岡崎氏は次の発言で論争の口火を切った。

「僕の戦略の目的は単純だ。日本国の安全と繁栄だ。(中略) そのための戦略は何か。七つの海を支配しているアングロ・アメリカン世界との協調、明治開国以来これ以外に絶対な

い」（「日米同盟の命運を徹底検証する」中央公論二〇〇九年七月号）

単純明快である。

また、大野勝巳元外務次官の次の説明も説得力がある。

「国民の頭は経済でもって世界に身を立てるという観念に固まっていただけに、経済成長が達成されさえすれば、それで良いではないか、何もそれ以外に難しいことを考える必要はないはずだ、難しい問題はアメリカに従ってさえいれば良いのだ、という考えが日本人の間に根をおろしてしまった」

岡崎氏は、私との対談で次のように述べた。

「今のアメリカのアフガニスタン戦略には僕は反対だ。しかし、そこで日本の大戦略は何かというと、自国の安全と繁栄を図るために日米関係を緊密化させることにあり中東への関与そのものではない。だからアメリカの戦略が間違っていようと何だろうと、いったんそう決まった以上、それと関係なく協力して日米友好関係をつなぐことが日本の大戦略だ」

ここまで断言できることは、すごい。米国の戦略が間違っていようと付いていく。こう断言できる人はそういない。しかし、これが今日の日本外交、安全保障政策の根幹である。

こうした「大戦略論」、対米追随論の危うさはどこにあるか。それは、これまで本書で述べてきたことで明らかである。

第一に、日本人は、日米同盟があれば、米国は日本の国益を守ってくれている、日本の領土は守られると思っているが、これは事実に反する。前述のように、「核の傘」を見ても、尖閣諸島の防衛を見ても、米国が実際に約束していることと、米国が日本に与えている印象とは明らかに違う。

対米追随論者は約束ではなく、印象を拠り所にしている。しかし、米国はしたたかに計算している。自分の利益であれば、同盟を盾《たて》に日本を動かす。自分の利益に反すれば、巧妙に身を避ける。当然である。

第二に、日米関係は対等でない。厳しく言えば、従属関係にある。米国の本のタイトルに『従属関係における虚構の同盟(Fictional Alliance in Subjugation)』というものがある。日米同盟にあてはめると、本質をずばり表現している。従属関係における虚構の同盟、これが今日の日米安全保障関係だ。

第三に、米国の軍事戦略は混迷の極みの中にある。イラク戦争、アフガニスタン戦争は、広義の米国の国益に反して実施され、これを修正する力が米国内部から出てこない。米国が極度に疲弊していくことは明確だ。かつ、この米国軍事戦略は世界の安定を害する。

第四に、中国の台頭で、米国の東アジアにおける「パートナー」は、中国になる。もはや日本ではない。米国は、中国と時に協調し、時に対立する。日米は、この関係によって動かされる。**日米関係は、米中関係に従属した形で進展することになる。**この中、米国は中国と対立してまで、日本を軍事的に守るか。当然、常にそうではない。

日本をめぐる安全保障環境は、明確に変化している。「対米追随」で安全が図られるわけでない。日本は独自の安全保障への努力、国際的安全保障確保の努力を行なわざるを得ない。

日本の防衛政策は「誰が」「なぜ、いかなる方法で我が国を脅かすのか」「どう対処するのか」を考えずに今日まで来た。**独自の安全保障政策を構築するには、この三つの視点から防衛政策を作るべきである。**これは日本の防衛政策の抜本的改革となる。

日本独自の安全保障政策を模索する中で、今日の国際環境で、戦争回避がどれほど可能かを考えざるを得ない。

二〇世紀の悲劇は、第一次世界大戦と第二次世界大戦を経験したことである。多大な損害・犠牲者を背景に、欧州は明確に戦争を避ける政策を具体化した。お互いに憎しみあう理由を見つければ山のようにある。しかし、協力することの利益を前面に出し、一九五一年のヨーロッパ石炭鉄鋼共同体条約から始めて、その後、着実に実績を重ね、今日のヨーロッパ連合にまで発展させた。

ロバート・ケーガンが述べたように、ヨーロッパは「法律と規則、国際交渉と国際協力の世界」に移行したのに対し、アメリカはいまだに「軍事力の維持と行使が不可欠な世界」にいる。

これは、軍事費の支出にも反映されている。ストックホルム国際平和研究所発表の数字によれば、二〇〇九年の世界各国の軍事費は次のとおりである（単位は一〇億ドル、「SIPRI YEAR BOOK 2010」による）。軍事費の高い順に、米国六六一、中国一〇〇、フランス六三・九、英国五八・三、ロシア五三・三、日本五一、ドイツ四五・六となっている。

さらに、軍事的緊張が高い、ないし独自の自衛を目指しており、安全保障を特に重視している国がある。これらの国はどうかを見てみよう。イスラエル一四、スイス四、台湾一〇、韓国二七、北朝鮮五となっている（出典・「GlobalSecurity.org」ウェブサイト）。この数字は意外なくらい低い。

自分の国は自分で守らなければならないと考え、安全保障を重視している国の軍事費支出が、日本よりはるかに低い。このことは、日本が軍事費の支出対象を充分検討すれば、自ら守ることにおいて、費用の面が、さしたる障害にならないことを示している。

アジアにおいて戦争を避けることは可能か

今日の国際政治を見ると、戦争の発生は次の場合に限定されている。

(1)「軍事力の維持と行使が不可欠」と見なしている米国が関与する場合

(2) 一方が、圧倒的な力の優位に立つと見て、軍事力を行使した場合。具体的には、ロシアのグルジアに対する行動。二〇〇八年八月、領土問題を契機にロシア・グルジア間の戦争が勃発したが、グルジアの抵抗、国際社会の反発を背景に沈静化した

(3) 急激な情勢変化における闘争。冷戦終結後の旧ユーゴスラビアの解体に伴う混乱など

(4) アフリカにおける部族対立を背景とする紛争

ナイは『国際紛争』の中で、「軍事力と何事かを達成する度合いの関係はかなり緩いもの

になった」というスタンレー・ホフマン（ハーバード大学政治学部教授）の言を引用しつつ、その理由として、（1）究極の武器である核兵器が使えないこと、（2）他国を支配・占領しつづけることは大変なコストを要し、困難なこと、（3）民主主義国家で反軍国主義的倫理観が成長してきたこと、の三つを指摘し、武力はほとんどの国にとって、過去に比べてその行使は高くつくもの、より困難なものになっていると指摘した。

したがって、戦争を避け、「力を越えて、法律と規則、国際交渉と国際協力の世界に移行すること」は、単なる理想ではない。第一次大戦、第二次大戦を戦った欧州が実践している。

もちろん、欧州には、ローマの支配による共通の基盤、キリスト教といった共通の土台がある。しかし、EUは共通性の認識で成立したのではない。繰り返すが、戦争を避けるために、共同体を作ったのである。

アジアにおいて、「力を越えて、法律と規則、国際交渉と国際協力の世界に移行すること」は難しいのであろうか。私は、実施できる素地は充分あると考える。

すでに見たように、米国国防省による年次報告『中国の軍事力二〇〇八年』は「中国は政権維持のため、国民の経済水準を上げることをほぼ唯一の策として、そのため、二国間関係及び多国間協調を強化する必要がある」と指摘した。中国には次の要素がある。

・二〇〇二年十一月、第一六回共産党大会で「与隣為善、以隣為伴」（隣国と善き関係を持ち、隣国をパートナーとする）の周辺外交方針を決定した。これを基本に、「睦隣、安隣、富隣」をスローガンにしている

・歴史上、周辺国対策は、中国安全保障政策の要であった。中国は、周辺国への攻撃は、恩讐の連鎖を生むことから、武力ではなく懐柔を主たる政策としてきた。朝貢外交を実施したが、厚往薄来（中国があげるものは厚く、受けるものは薄くという意味）を意識した

・中国の戦略は、伝統的に「軍事的攻撃を得策としない」という思想がある。孫子は「其の攻めざるを恃《たの》むこと無く、吾が攻めむべからざる所あるを恃むなり（敵が攻撃しないことを［あてにして］頼りとするのでなく、攻撃できないような態勢がこちらにあることを頼みとする）」としている

ここから考えれば、日中が「力を越えて、法律と規則、国際交渉と国際協力の世界に移行

すること」を形成する土壌が、充分存在する。

もちろん、中国にも、武力を頼りにし、軍事力を背景に対外進出を図る勢力は、必ず存在する。重要なのは、協調を図るグループも、あわせて存在することである。このグループとどう連携をとるか、これが日本の課題である。

逆に言えば、中国にも西側にも互いを脅威だと指摘し、危機をあおり、発言力を拡大しようとする勢力がある。日中双方が、このグループと対峙しなければならない。

次いで、核兵器の分野を考えてみたい。

第二次大戦以降、核兵器はなぜ使用されなかったか。軍事的に意味がなかったわけではない。米国は、朝鮮戦争、ベトナム戦争で核兵器での使用を検討した。しかし、核使用は非道徳的であるという、国際的に共通した認識がある。日本は唯一の被爆国として、今後ともこの認識の強化に貢献することが望ましい。

第二に、非核保有国に対する核攻撃を行なわないことを、国際的ルールとして確立する。すでに、日本は核不拡散条約の調印に先だち、一九六八年六月十九日「非核保有国の安全保障に関する安保理決議」を行なうのに貢献したことを見た。この動きを今後も継続すべきだ。

第三に、米国の動向を見てみたい。米国としては、核の不拡散を実施したいと考えている。

もし、どこかの国が、日本など非核保有国に対して核兵器での攻撃を行なえば、米国は断固とした対応をとるだろう。これは何も、条約に縛られているからではない。それを許すと、米国を中心とする国際秩序が一気に壊れる、すなわち米国益に反するからである。

第四に、核兵器保有国は、核兵器を使用すれば厳しい報復がくることを熟知している。多くの核保有国は、自国ないし体制を崩壊の危機に曝《さら》す圧力がない限り、核兵器の使用を避ける。したがって日本は、どの国に対しても、軍事的手段によって、国家ないし体制の崩壊を求めないことを明確にする。あわせて、その国の「悪」が外部に拡散しないように「封じ込め政策」を実施し、長期的崩壊を待つ。

次いで、通常戦力の部分を見てみる。

第一に、世界的に見ると軍事力の使用は極めて限定されている。この傾向を背景に、戦争への動機を軽減していく。歴史的に、戦争の発生には、「長期的な敵対的雰囲気の継続」や「領土問題の存在」などの直接的契機の存在がある。敵対的雰囲気を除去する努力は、戦争回避の上で重要である。

第二に、相手国が攻撃する敷居を高くする。領土問題が、しばしば戦争の引き金になることに配慮し、日本の島周辺の監視、抑止体制を強化する。この部分は日本独自で実施するしかない。

第三に、「どの国が」「いかなる理由で」「いかなる手段で攻撃するか」の可能性を軸に、防衛政策を構築する。今日の日本の防衛政策は、かかる思想で実施されておらず、随分と無駄な出費をしている。

第四に、「自国は自国で守る」ことを、広く国民レベルで認識していく。

米軍の代わりに自衛隊が日本防衛の任務に就くと、膨大な金額が必要という論がある。だが、これは正確ではない。すべてにおいて「米軍の代わり」をする必要はないからである。米国第七艦隊の守備範囲は、南北には千島列島から南極、東西ではインド洋から太平洋という広大な地域である。この地域で海に面する国は、三五カ国である。第七艦隊は、これらすべてを対象としている。この任務は、自衛隊には不要である。さらに米国海軍、空軍は、ロシア、中国に対する覇権国同士の対峙から生ずる任務がある。これも不要である。自衛隊の任務を「敵国が攻撃した時」に限定すると、任務の幅は米軍とは大きく異なる。

先ほども述べたように、**数字から見ると日本の軍事費は決して低くない**。これをどのように使うかを考えるべきである。

安全保障における憲法の位置づけ

また、日本の安全保障を論ずる時、避けられないのが日本国憲法をどう位置づけるかである。私の考えを整理しておきたい。

(1) 自衛との関係について

日本が攻撃された時、日本は自衛権を持つ。今日、これを否定する政党はない。したがって、この観点から変更する必要はない。

(2) 自衛隊との関係について

憲法九条の戦力否定が、自衛隊の士気を下げているとの論がある。自衛隊の士気に関係するのは、憲法上の規定ではない。日本国民がどう受け入れるか、具体的対応である。細かいことではあるが、日本の著名大学は修士・博士課程に自衛隊員を迎えない慣行がある。これは憲法規定と関係がない。こうした具体的実施面で積極的に自衛隊員を受け入れることにより改善される。

（3）平和姿勢の強調で国が守れるか

国家がなぜ戦争をするか、それを考えてみたい。

今日、アフリカなど経済・社会の発展段階にある国を除き、①国、政権の存在が脅かされている時、②国境問題が存在している時、③米国が中心となり、国際的安全保障環境を改善するため軍事行動をとる時を除き、軍事行動が行使される場合は少ない。

ジョセフ・ナイが『国際紛争』で指摘したように、「多くの国家、とりわけ大きな国家にとって目標達成のために軍事力を行使することは、かつてと比べ非常に費用のかかるものとなった」からである。

そこから考えれば、日本が次の政策をとっていった場合、近隣諸国の対日攻撃の可能性は大きく減少する。

（a）国、政権の存在を脅かす軍事行動に協力しない

（b）経済的結びつきを強化する。相手国が軍事行動を起こした場合、相手国の経済政治が攻撃で得る以上のマイナスを受ける関係を構築する

(c) 領土問題等の緊張を一定以内に抑制する
(d) 普段より善隣友好の雰囲気を醸成する

(4) 集団的自衛権との関係

今日の憲法改正の主張者の中には、自衛隊の海外派遣、集団的自衛権の拡大を目指す場合が多い。小泉元総理は、二〇〇四年六月二十七日のNHKの党首討論番組で、集団的自衛権の行使について「日本を守るために一緒に戦っている米軍が攻撃された時に、集団的自衛権を行使できないのはおかしい。憲法ではっきりさせていくことが大事だ。憲法を改正して、日本が攻撃された場合には米国と一緒に行動できるような形にすべきだ」と述べた。

第七章で詳細に見たように、この小泉元総理の発言は正確ではない。

現在、相手が日本の領域に攻撃してきた時に限って実施している集団的自衛権を、世界中に広げ、かつ米国が「国際的安全保障の改善」のために先制的に軍事行動をとる際にも、自衛隊を協力させせようとするものである。これは、日本の国益を大きく害する。憲法改正を主張する人にかかる狙いが存在する以上、私は憲法改正の今の動きには反対である。

あとがき

本書の最後に、なぜ私たちが戦略を学ばなければならないのかを、まとめておきたい。

（1）安全保障は我が国の行方を大きく左右する

（2）世論の動向が安全保障政策を決める

（3）米国や米国の意向を尊重する日本のグループは、日本の安全保障政策を特定方向に導くことを強く望み、その政策実現に役立つ情勢判断を出す

（4）国民は、その判断を「誰が述べているか」ではなく、「何が述べられているか」で下すべきである。しかし、日本の権威あるとされる発信元は（3）と密接にからむことを認識しなければならない

（5）「何が述べられているか」で判断できるよう、戦略論を学ぶ層を拡充する必要がある

本文中でも述べたが、「中央公論」二〇〇九年七月号は、私と、私のかつての上司である岡崎久彦氏（岡崎氏が外務省国際情報局長の時、私は分析課長だった）との「日米同盟の命運を徹底検証する」と題する対談を掲載した。冒頭で、岡崎氏は次のように述べた。

「孫崎さんが最近出版した『日米同盟の正体』を読んだが、感動しました。日本の国際政治判断がここまで進歩したかと思って。必要な材料を全部ちゃんと読んでいる。その読み方も深い。外国の一流論文に匹敵すると思った。ここから先は批判です。最大の批判は戦略がないこと」

弁解すれば、『日米同盟の正体』は、まさに日米同盟の正体を解き明かすことを最大の目的にしている。日本の戦略を語ることを目標としていない。しかし、かつての上司に「戦略がない」と言われれば、この部分が不足していたことを素直に認めざるをえない。しかし、出版は容易な仕事ではない。「では次、戦略の本を書きます」と開き直るわけにいかない。そこに祥伝社の高田さんから「戦略の本を書きませんか」という誘いが来た。どうして、私が「戦略の本に挑戦しなければならない」と思っていたことがわかったのだろう。

戦略論として、この本は、新境地を開いたと思う。

その理由は、第一に、私が日本人の誰よりも馬鹿な戦争を見てきたことにある。

外務省に入ってすぐ、ソ連赴任の直前の一九六八年にチェコ事件が起こった。モスクワ大学在学中に、中ソ衝突が起こった。二度目のソ連勤務の際に、ソ連のアフガニスタン侵攻があった。一九八六年のイラク赴任は、イラン・イラク戦争の真っ最中であった。二〇〇一年、イラン勤務の時には米国同時多発テロ事件からアフガニスタン戦争が開始された。

どれもこれも馬鹿げた戦争だ。しかし、当事者は真剣である。近視眼的、特定の問題にとらわれ、国全体を見誤る危険を、日本人の誰よりも見た。

第二に、一九八五年、ハーバード大学国際問題研究所で安全保障を学ぶ中で、米国では、「日本は同盟国」と言いながら、一方で、日本人は戦略的思考ができないと馬鹿にされているのを見たことだ。

米国の政治家や学者は、本音で言えば日米関係を「従属関係における虚構の同盟」と見ている。日本の国防で「従属関係における虚構の同盟」に従事している人が現状を当然視し、それをさらに強化しようとしているのを見ると、どうなっているのだろうと思う。こうした経験を通じ、他の誰よりも日本がしっかりした戦略を持つ必要を感じていた。

第三に、日本を取り巻く環境が新しい戦略を考える必要性を作っている。中国が経済的、軍事的に大国化する。この中、日本が頼りとしてきた米国は「東アジアの最も重要な国は日本ではなくて中国」と位置づけた。今後、米中関係が変わる。それに応じ、日米関係も変わる。日本の安全保障を米国に依存していればよいという時代は終わりつつある。それを踏まえて、日本の戦略を考察せざるを得ない。

長い間、日本は自分の戦略を真剣に考えなくてもよかった。米国が後ろにいる。しかし、その時代は終わる。我々は自ら戦略を考える必要に迫られている。しかし、それは容易な仕事ではない。

キッシンジャーやルース・ベネディクト、ポーター教授、クレピネヴィッチ教授、ブレジンスキーらから、日本人は戦略的思考はできないと馬鹿にされて、へらへらしながら、しかし、実利だけしっかり手に入れられると思ってきた時代は終わった。

それはすなわち、戦略論を学び、この国の現状と行く末を真剣に考えるべき時代に入ったということだ。時代の変化を背景に、もしこの本が、日本国内の戦略論議の活性化に貢献できれば幸いである。

XI　日本人論

⑴ルース・ベネディクト『菊と刀』講談社学術文庫、2005年

日本論の古典。第二次大戦中米軍における研究を反映。

⑵イザヤ・ベンダサン『日本人とユダヤ人』角川文庫ソフィア、1971年

日本人は安全と水を無料と考えると指摘するなど優れた論を展開。

⑶丸山 真男『日本の思想』岩波新書、1961年

ベストセラーとなり戦後の日本知識人に大きな影響。

XII　自主外交主張の元外交官

⑴村田良平『何処へ行くのか、この国は』ミネルヴァ書房、2010年

元次官。死期を予期し執筆。現在の日米関係の従属性を厳しく批判。

⑵大野勝巳『霞が関外交』日本経済新聞社、1978年

元次官。対米追随は外務省の伝統的立場でないと慨嘆。

⑶天木直人『さらば日米同盟！』講談社、2010年

彼の数々の論点は真実をついており、これも基礎に論じて欲しい。

XIII　歴史

⑴ E・H・カー『歴史とは何か』岩波新書、1962年

歴史を学ぶ意義を説明。事象を学ぶのでなく考える指針を得るために学ぶ。

⑵アーネスト・メイ『歴史の教訓』岩波現代文庫、2004年

冷戦、朝鮮戦争、ベトナム戦争を題材に歴史から何を学べるかを検証。

⑶金丸 輝男『ヨーロッパ統合の政治史』有斐閣、1996年

モネ、シューマン、アデナウアー、ドゴールら統合関係者の役割を解説。

クラウゼヴィッツとハートを比較。両者の問題点を浮き彫りにした好著。

Ⅷ　日本人の戦略論

(1)岡崎久彦『戦略的思考とは何か』中公新書、1983年
対米強調が日本の生きる道とする岡崎戦略の古典。

(2)伊藤憲一『国家と戦略』中央公論社、1985年
戦後日本に戦略論がないことに危機感を持ち、戦略論を学んだ著者による。

(3)永井陽之助『現代と戦略』文藝春秋、1985年
軍事と福祉、同盟と自立の妥協こそ日本の進む道と指摘。

Ⅸ　日米同盟初期

(1)西村熊雄『安全保障条約論』時事新書、1959年
旧安保条約担当局長が条約の問題点と新条約の意義を指摘。

(2)豊下楢彦『安保条約の成立』岩波新書、1996年
安保条約を巡る天皇、吉田総理、重光外相の動きは興味深い。

(3)坂元一哉『日米同盟の絆』有斐閣、2000年
旧安保条約から改定まで丁寧に説明。貴重な参考書。

(4)江藤淳『閉ざされた言語空間』文春文庫、1994年
占領下の検閲は多くの人の気づかぬ世界。自主検閲は今日も存在。

Ⅹ　日本の防衛政策

(1)石津朋之編『日米戦略思想史』彩流社、2005年
基盤的防衛力構想を肯定的に論じた道下徳成氏の論文を含む。

(2)栗栖弘臣『私の防衛論』高木書房、1978年
元統幕議長が、日米安保で魔法の杖のように米国の援助を期待するのは無責任と指摘するなど、日本の防衛政策を批判。

(3)猪木正道『軍事大国への幻想』東洋経済新報社、1981年
領土への侵略を断固拒否する力―拒否力―を重視。

著。
(2)リチャード・サミュエルズ『日本防衛の大戦略』日本経済新聞出版社、2009年
いつになったら日本人自身がこういう本を書けるようになるか？
(3)ジョージ・パッカード『ライシャワーの昭和史』講談社、2009年
古き良き時代の日米関係を現代と比較すると興味深い。
(5)スティーヴン・ヴォーゲル編著『対立か協調か』中央公論新社、2002年
マイケル・グリーンの「力のバランス」などを掲載。日米関係理解のための必読書。

Ⅵ　戦略の古典

(1)金谷治訳注『新訂・孫子』岩波文庫、2000年
読めば読むほど奥深い。戦略の最高傑作。
(2)トゥーキュディデース『戦史』岩波文庫、1966年
欧米人が必ずあげる必読書。各種解説を頼りに読むとよい。
(3)マキアヴェッリ『君主論』岩波文庫、1998年
戦略というより政治書。欧米の必読書であり、素地に必要。
(4)カウティリヤ『実利論』岩波文庫、1984年
ウェーバーはこれに比べれば、『君主論』はたわいのないものと評す。

Ⅶ　近代の戦略本

(1)クラウゼヴィッツ『戦争論』、岩波文庫、1968年
戦略の必読本。今日も米軍などに影響力を持つ。
(2)片岡徹也編著『戦略論大系3モルトケ』芙蓉書房出版、2002年
クラウゼヴィッツと同列。日本旧軍の戦略形成に多大な影響。
(3)リデル・ハート『戦略論』原書房、1986年
間接的行動の重要性を説く。クラウゼヴィッツを批判。
(4)レイモン・アロン『戦争を考える』政治広報センター、1978年

⑵ V・D・ソコロフスキー『ソ連の軍事戦略』恒文社、1964年
　米国の脅威を感ずるソ連から見るとどうなるか。核戦略の本質をつく。
⑶ハーバード核研究グループ『核兵器との共存』阪急コミュニケーションズ、1984年
　ナイ、ホフマン、ハンティントンら、第一線級学者が核政策について考察。
⑷久住忠男『核戦略入門』原書房、1983年
　米国の核戦略の変遷を取りまとめた好著。戦略変遷の流れがわかる。

Ⅳ　国際政治

⑴ジョセフ・ナイ『国際紛争』有斐閣、2002年
　章末の問題を算数のように解いていけば力がつく。
⑵ヘンリー・キッシンジャー『外交』日本経済新聞社、1996年
　キッシンジャーは米国安全保障の重鎮。彼の発言は常に要注意である。
⑶ステファ・ウォルツ、ウェブサイト「Foreign Policy」の中のブログ（http://walt.foreignpolicy.com/）
　ウォルツはアメリカの良心的発言を継続。距離をおいて米国を観察。
⑷ウェブサイト「Real Clear Politics」（http://www.realclearpolitics.com/）
　国際情勢は日々変化している。本サイトでは、新聞、雑誌など毎日の主要論評を紹介。リンクが充実。
⑸『フォーリン・アフェアーズ傑作選 1922-1999』朝日新聞社、2001年
　ケナン、モーゲンソー、ニクソンら、米国の代表的論客の価値観を知る。

Ⅴ　日米関係、アメリカ側の見方

⑴ケント・カルダー『米軍再編の政治学─駐留米軍と海外基地のゆくえ』日本経済新聞出版社、2008年
　米軍基地の扱いは米軍の全世界への基地政策と密着。好

戦略関連の推薦書

I　ゲームの理論と戦略

(1)トーマス・シェリング『紛争の戦略』勁草書房、2008年

最も推薦したい本。ノーベル経済学賞を受賞。世界の戦略論に新機軸を生み出した。

(2)生天目章『戦略的意思決定』朝倉書店、2001年

防衛大の人工知能専攻教授の著書。問題意識高くゲーム理論を扱う。

(3)渡辺隆裕『ゲーム理論』ナツメ社、2004年

ゲームの理論を図解で紹介。入門書としては最適。

(4)アビナッシュ・ディキシット他『戦略的思考とは何か――エール大学式「ゲーム理論」の発想法』阪急コミュニケーションズ、1991年

ゲーム理論を解説。競争のみならず、協調の重要性を説く。

II　経営戦略

(1)馬淵良逸『マクナマラ戦略と経営』ダイヤモンド社、1967年

今日の経営戦略の源流、マクナマラ戦略を平易に解説。

(2)マイケル・ポーター『競争の戦略』ダイヤモンド社、1980年

経営戦略の古典的存在。差別化・集中戦略等の戦略を解説。

(3)ヘンリー・ミンツバーグ『戦略サファリ』東洋経済新報社、1999年

経営戦略論を分類し各々の流れを解説。親切なガイド。

(4) DIAMONDハーバード・ビジネス・レビュー編集部編訳『戦略論1994-1999』ダイヤモンド社、2010年

「ハーバード・ビジネス・レビュー」に掲載された、ポーターらの論文を集める。

III　核戦略

(1)ヘンリー・キッシンジャー『核兵器と外交政策』日本外政学会、1958年

核戦略の必読書。核戦略を語るなら、これを読んでから議論してほしい。

切りとり線

★読者のみなさまにお願い

この本をお読みになって、どんな感想をお持ちでしょうか。祥伝社のホームページから書評をお送りいただけたら、ありがたく存じます。今後の企画の参考にさせていただきます。また、次ページの原稿用紙を切り取り、左記まで郵送していただいても結構です。

お寄せいただいた書評は、ご了解のうえ新聞・雑誌などを通じて紹介させていただくこともあります。採用の場合は、特製図書カードを差しあげます。

なお、ご記入いただいたお名前、ご住所、ご連絡先等は、書評紹介の事前了解、謝礼のお届け以外の目的で利用することはありません。また、それらの情報を6カ月を超えて保管することもありません。

〒101―8701（お手紙は郵便番号だけで届きます）
祥伝社新書編集部
電話03（3265）2310
祥伝社ホームページ　http://www.shodensha.co.jp/bookreview/

★本書の購買動機（新聞名か雑誌名、あるいは○をつけてください）

＿＿＿＿新聞の広告を見て	＿＿＿＿誌の広告を見て	＿＿＿＿新聞の書評を見て	＿＿＿＿誌の書評を見て	書店で見かけて	知人のすすめで

★100字書評……日本人のための戦略的思考入門

名前

住所

年齢

職業

孫崎享　まごさき・うける

1943年、旧満州国生まれ。1966年、東京大学法学部中退、外務省入省。英国、ソ連、米国（ハーバード大学国際問題研究所研究員）、イラク、カナダ勤務を経て、駐ウズベキスタン大使、国際情報局長、駐イラン大使を歴任。2002〜09年まで防衛大学校教授。『日本外交　現場からの証言』（中公新書）で山本七平賞を受賞。『日米同盟の正体』（講談社現代新書）、『情報と外交』（PHP研究所）など著作多数。

日本人《にほんじん》のための戦略的思考入門《せんりやくてきしこうにゆうもん》

日米同盟《にちべいどうめい》を超《こ》えて

孫崎《まごさき》 享《うける》

2010年９月10日　初版第１刷発行

発行者……………竹内和芳
発行所……………祥伝社しょうでんしゃ
〒101-8701　東京都千代田区神田神保町3-6-5
電話　03(3265)2081(販売部)
電話　03(3265)2310(編集部)
電話　03(3265)3622(業務部)
ホームページ　http://www.shodensha.co.jp/

装丁者……………盛川和洋
印刷所……………萩原印刷
製本所……………ナショナル製本

Printed in Japan ISBN978-4-396-11210-3 C0231